# 二十四节气里的诗

天马座幻想◎编著　蓝山◎绘

電子工業出版社
Publishing House of Electronics Industry
北京 · BEIJING

图书在版编目（CIP）数据

二十四节气里的诗. 春 / 天马座幻想编著；蓝山绘. — 北京：电子工业出版社, 2018.5

ISBN 978-7-121-33626-3

Ⅰ. ①二… Ⅱ. ①天… ②蓝… Ⅲ. ①二十四节气—通俗读物 Ⅳ. ①P462-49

中国版本图书馆CIP数据核字（2018）第021886号

策划编辑：周　林

责任编辑：裴　杰

印　　刷：北京文昌阁彩色印刷有限责任公司

装　　订：北京文昌阁彩色印刷有限责任公司

出版发行：电子工业出版社

　　　　　北京市海淀区万寿路173信箱　邮编：100036

开　　本：880×1230　1/16　印张：13.75　字数：198 千字　彩插：1

版　　次：2018年5月第1版

印　　次：2018年5月第1次印刷

定　　价：138.00元（共4册）

凡所购买电子工业出版社图书有缺损问题，请向购买书店调换。若书店售缺，请与本社发行部联系，联系及邮购电话：（010）88254888，88258888。

质量投诉请发邮件至zlts@phei.com.cn，盗版侵权举报请发邮件至dbqq@phei.com.cn。

本书咨询联系方式：zhoulin@phei.com.cn，QQ 25305573。

目录 | CONTENTS

# 春卷

## 立春（2月3—5日）

## 雨水（2月18—20日）

## 惊蛰（3月5—7日）

目录 | CONTENTS

## 春卷

### 春分（3 月 20—22 日）

### 清明（4 月 4—6 日）

### 谷雨（4 月 19—21 日）

# 立春

立春正月春气动，
东风能解凝寒冻；
土底蛰虫始振摇，
鱼陟负冰相戏泳。

农历二十四节气中的第一个节气，交节时间点为公历 2 月 3—5 日。立春为农历正月节，是早春的开始。

立春的“立”为开始、建始的意思，在北方的天寒地冻中，春意开始在大地深处孕育。立春之时，还不见樱红柳绿，只有早梅绽放。相传立春之时会有青鸟啼啭，按照古人的说法，“春”便是在青鸟啼啭中重回我们身边的。古人把“立春”视为一年的真正开始，并直接将此节气作为中国传统节日庆祝，立春这天吃春饼、春菜，被称为“咬春”。

## 立春关键词

元日开春

东风解冻

鱼陟负冰

### 元日开春

**元日**

宋·王安石

爆竹声中一岁除，
春风送暖入屠苏。
千门万户曈曈日，
总把新桃换旧符。

元日就是农历正月初一，是中国的传统节日春节，通常在立春前后。春节是亲人团聚的日子，期间会有各种活动来庆祝节日。宋代人们过年吃饺子、放鞭炮、喝屠苏酒（用屠苏草泡的酒，传说是华佗调配的酒方，有驱邪醒身之效）、把刻了神灵名字的桃木板悬挂在门口驱邪，通过这些活动来庆祝新年和迎接春天的到来，王安石在《元日》这首诗中记载了当时的过年习俗。

## 立春三候

- 东风解冻：立春之时『东风解冻』。在中国传统文化中，东风通常指春风。这是因为中国的季风气候使然，中国的东面是浩瀚的太平洋，因此春天季风从东面或东南来，身处中原地带的先人便用东风代指春风了。
- 蛰虫始振：立春日后五日『蛰虫始振』。蛰虫是冬藏之虫，此时已经感受到大地深处的萌动，被春意惊醒。
- 鱼陟负冰：再五日『鱼陟负冰』。陟（zhì）是升的意思，冰河龟裂，鱼儿感受到水底的暖意，但冰还没消融，所以聚集河面下，负冰游动。

# 东风解冻

## 春日

宋·朱熹

胜日寻芳泗水滨，
无边光景一时新。
等闲识得东风面，
万紫千红总是春。

## 泊船瓜洲

宋·王安石

京口瓜洲一水间，
钟山只隔数重山。
春风又绿江南岸，
明月何时照我还？

中国传统文化中的东风通常指春风，是春天从海洋而来的季风。东风温暖潮湿，使冰冻的土地融化，让万物渐渐复苏。南宋理学家朱熹在《春日》诗中写到在东风吹拂的天气里，他在泗水之滨（今山东东部泗水县）春游的情景。在东风的吹拂下，眼力所及之处风光焕然一新。东风吹得百花开放，到处都是春天的美景。而北宋文学家王安石则在《泊船瓜洲》中留下了千古名句——“春风又绿江南岸”，“绿”在此为吹绿的意思，东风吹来，唤醒了江南大地，“绿”字给看不见的春风赋予了自然的力量。

## 京中正月七日立春

唐·罗隐

一二三四五六七，
万木生芽是今日。
远天归雁拂云飞，
近水游鱼迸冰出。

# 鱼陟负冰

河里的冰开始渐渐融化，鱼上升到漂浮着碎冰片的水面上游动，看上去好像是鱼背负着冰片在游浮一样。唐代诗人罗隐在《京中正月七日立春》一诗里写道：立春这天，万木都已经开始发芽，鸿雁北归，游鱼不时从碎冰片之中跃出水面，诗中绘出了春天生机勃发的景象。

# 节气亲子互动

## 节气赏味：和家长一起做春饼、吃春饼

立春吃春饼是北方一些地区的民俗，相传这样的习俗从唐代就已经形成了。春饼是用面粉烙制的薄饼，吃的时候要卷一些爱吃的蔬菜。吃春饼寄托着人们喜迎春天、祈盼丰收之意。唐代诗人杜甫在《立春》中写了当时立春吃春饼的习俗，那时候春饼与菜是放在一个盘子里食用的，也称为春盘。

### 立春（节选）

唐·杜甫

春日春盘细生菜，
忽忆两京梅发时。
盘出高门行白玉，
菜传纤手送青丝。

## 节气游戏：制作春鸡

民间把立春又称为“打春”，中国北方一些地区有给小孩子戴“春鸡”的习俗。“春鸡”是人们用棉花和彩布缝制的饰品，“鸡”音同“吉”，寓意吉祥如意。春鸡通常佩戴在儿童的袖口或头上，祈求其茁壮成长，吉祥如意。

## 节气游戏：制作春鸡

1 把家里的小布头找出来，和父母一起制作这个手工布艺缝制的小春鸡。注意，春鸡不要缝得太大，戴在袖子上小一些更可爱。

2 将正方形的小花布对角折，沿边缝成三角形，不要全部缝住，留下一寸的长度，再把花布翻出来。

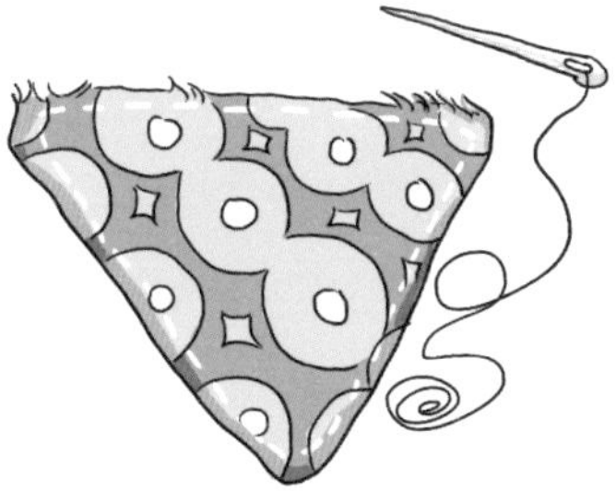

3 然后填上棉花。在缝好的一角，用其他布料剪出眼睛和鸡冠的形状缝好。

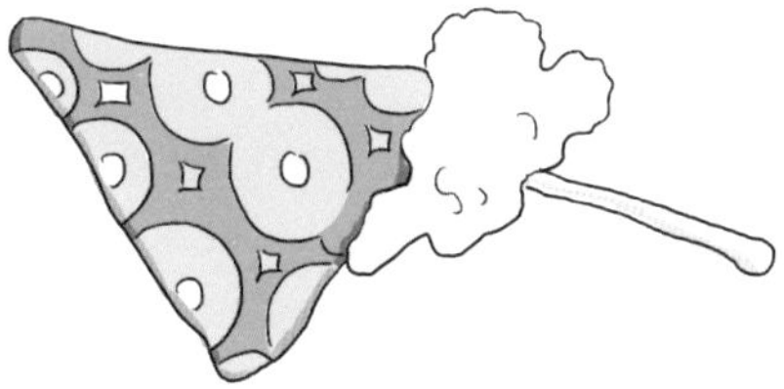

4 在留有一寸开口的一角，塞上剪好的彩色“布条尾巴”，用针线固定。

5 最后在小春鸡的腰上缝上一根布条。布条最好是选择和鸡本身呈对比的颜色，这样才够民俗、够鲜艳。好啦，现在把春鸡缝在帽子上或者袖子上吧。

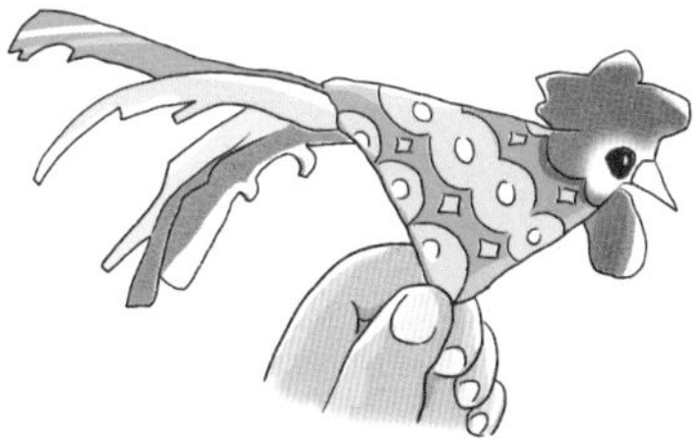

立春到了，小朋友一定
要做一只春鸡带在身上
哦，大吉大利！
立春

## 青玉案·元夕

宋·辛弃疾

东风夜放花千树，更吹落、星如雨。
宝马雕车香满路，凤箫声动，玉壶光转，一夜鱼龙舞。
蛾儿雪柳黄金缕，笑语盈盈暗香去。
众里寻他千百度，蓦然回首，那人却在，灯火阑珊处。

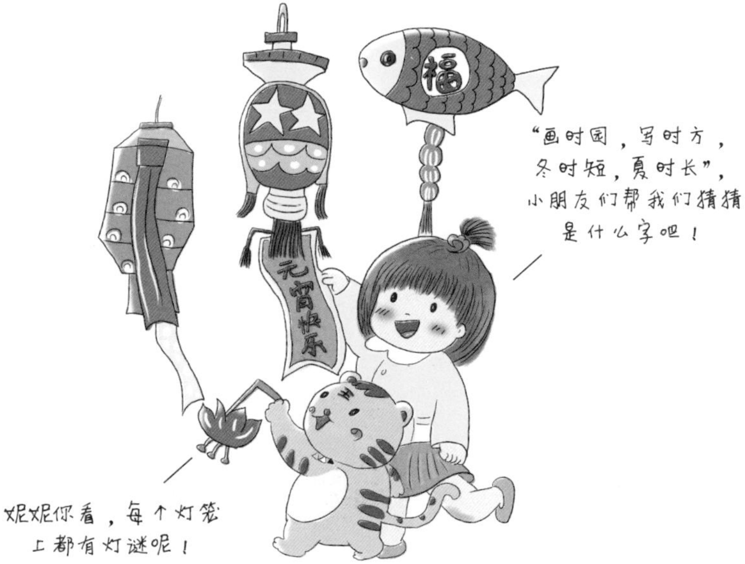

福
元宵快乐
"画时圆，写时方，冬时短，夏时长"，小朋友们帮我们猜猜是什么字吧！
妮妮你看，每个灯笼上都有灯谜呢！


### 户外活动：元宵节与家人一起逛灯会

元宵之夜，大街小巷张灯结彩。正月是农历的元月，古人称夜为“宵”，所以把一年中出现第一个月圆之夜的正月十五称为元宵节。隋、唐、宋代的元宵灯会盛极一时。南宋词人辛弃疾的《青玉案·元夕》中，就描写了正月十五元宵节观灯的热闹景象。东风吹落了满天施放的焰火，像天空里的流星雨。而前来看花灯的人，男的骑着高头大马，女的乘着雕花豪华车，身上佩戴的香袋把路也熏香了。凤箫声韵悠扬，明月清光流转，整夜里鱼龙灯盏随风飘舞。词人从各个角度描写了南宋时期灯会的盛况。

# 雨水

农历二十四节气中的第二个节气，交节时间点为公历 2 月 18—20 日。雨水为正月中，仍在早春。

雨水节气后，天气回暖，已经没有条件产生降雪了，降雨便逐渐增多起来。根据《月令七十二候集解》所说，春天属“木”，“木”依赖水生，所以东风解冻后，温润散为雨水。从雨水节气开始，春雨滋润草木万物，草木都陆续显现出淡淡的色彩。

半月交得雨水后，
獭祭鱼时随应候；
候雁时催归北乡，
那堪草木萌芽透。

## 雨水关键词

春雨润物

大雁北归

杏花春色

## 春雨润物

春天的东风带来海洋的水汽，化作春雨落在泥土里，滋润了草木，让它们复苏生长。古人留下了诸多描写春雨润物的名篇佳作，如唐代诗人杜甫在《春夜喜雨》一诗中，描写春雨伴随着和风，悄悄进入夜幕，滋润着锦官城（今成都）的夜景。而韩愈在《早春呈水部张十八员外》的诗里，用“润如酥”描写早春细雨绵绵的特色，野草远看泛起了绿色，近看却又什么都没有，反映了草木萌动欲破土的状态。王维在《送元二使安西》的诗里，呈现了细雨中的渭城（今陕西咸阳市东）清晨，春雨过后树木纷纷泛起春色的景象。

### 早春呈水部张十八员外

唐·韩愈

天街小雨润如酥，
草色遥看近却无。
最是一年春好处，
绝胜烟柳满皇都。

### 春夜喜雨

唐·杜甫

好雨知时节，当春乃发生。
随风潜入夜，润物细无声。
野径云俱黑，江船火独明。
晓看红湿处，花重锦官城。

### 送元二使安西

唐·王维

渭城朝雨浥轻尘，
客舍青青柳色新。
劝君更尽一杯酒，
西出阳关无故人。

## 雨水三候

- 獭祭鱼：雨水之时『獭祭鱼』。立春『鱼陟负冰』时，鱼感受到水暖浮上水面，饿了一个冬天的水獭便出来捕食鱼儿了，水獭往往把捕食的鱼扔到岸上享用，古人认为它在用鱼祭祀。
- 候雁北：雨水后五日『雁候北』。大雁最知时节，天气暖和的时候会回到塞北家乡，等天冷了又会飞去江南避寒。雨水节气后，大雁感受到春天的信息，便启程向北方飞了。
- 草木萌动：再五日，草木萌动。雨水滋润了大地和草木，树木酝酿发芽，小草准备钻出泥土了。

## 大雁北归

### 次北固山下

唐·王湾

客路青山外，行舟绿水前。
潮平两岸阔，风正一帆悬。
海日生残夜，江春入旧年。
乡书何处达？归雁洛阳边。

雨水时节前后，正值北方的“七九河开，八九雁来”，候雁北指的就是“八九”时的大雁北归。

每到秋天，成群结队的大雁就要由北方飞向南方；而等到春天到来的时候，大雁又会结伴飞回北方。它们为什么总要“搬家”呢？因为一到冬季，北方寒冷，大雁寻找食物将变得非常困难。为了生存，它们只好飞到气候温暖、食物丰富的南方来过冬。但南方毕竟不是它们的故乡，因此到了第二年春天，它们又成群结队地飞回北方安家。

唐代开元时期的诗人王湾，是唐代洛阳人（今河南洛阳），在漂泊于异乡时，将思乡之情写在《次北固山下》的诗里，当江南有了春天的气息时，希望启程北归的大雁也能将自己的家信带回北方。

## 杏花春色

### 游园不值

南宋·叶绍翁

应怜屐齿印苍苔，
小扣柴扉久不开。
春色满园关不住，
一枝红杏出墙来。

雨水节气过后，杏花悄悄地开在枝头，杏花是早春最早开的花。杏花含苞待放时，呈艳红色，随着花瓣的伸展，色彩由浓渐渐转淡，到谢落时便是雪白一片。南宋诗人叶绍翁在名诗《游园不值》中，写了他春日游园时的所见所感。诗人趁春日天气晴好外出会友。恰逢园主人不在家，但是有什么关系呢，园子里的春色是关不住的，一枝含苞待放的红色杏花从墙头探伸出来。

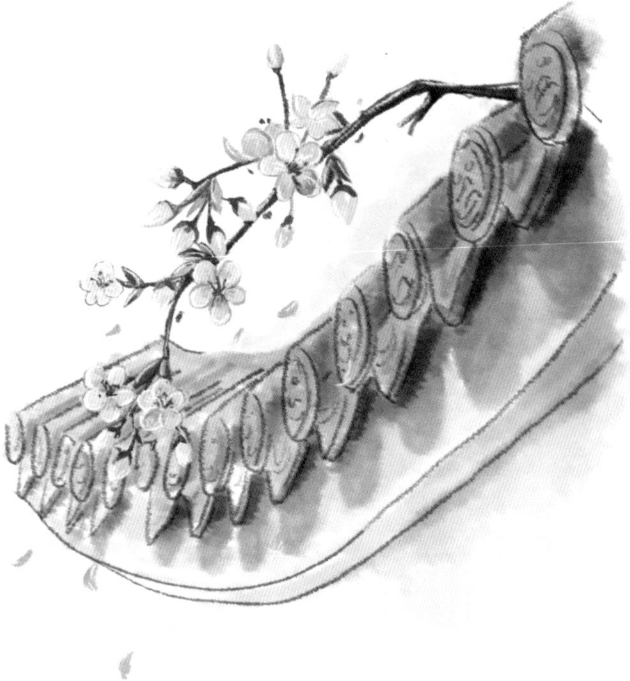

## 节气传说：龙抬头与炒黄豆

龙抬头节又称春龙节、春花节，民间传统节日之一。传说在唐朝武则天当政时期，因得罪玉皇大帝而被罚三年无雨，人们难以生活。而司管天河的龙王心中不忍，在农历二月初二这天私自给人间降雨，因而受到责罚。于是人们用炒熟的玉米花、豆子供献龙王，报答其救命之恩，因此感动了玉皇大帝，允许龙王继续为人间降雨。二月二祭龙王，民间称这一天为“龙抬头”，并流传有炒黄豆、吃爆米花的习俗。

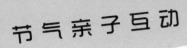

## 节气游戏：和家长一起玩串龙尾游戏

1 准备

彩线、彩纸、爆米花。

2 将彩纸剪成圆形、心形、三角形、花朵等各种形状。

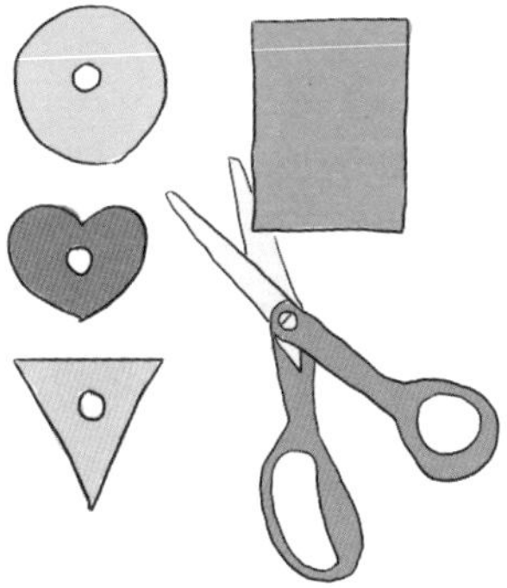

3 用针线将爆米花与彩纸形状一个隔一个地穿起来。

4 串得越长越棒哦。

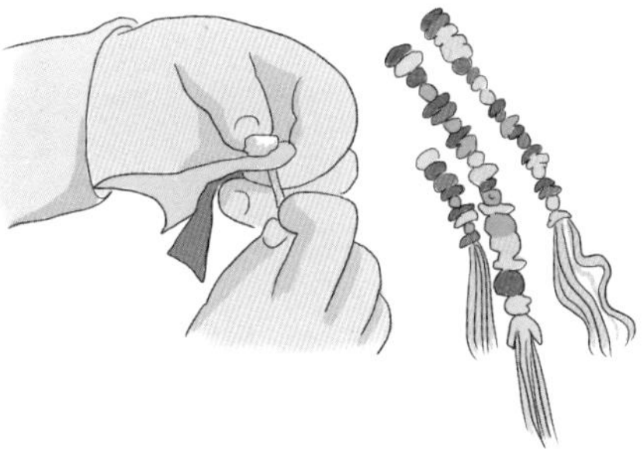

节气游戏：正值二月二龙头节，和家长一起玩串龙尾游戏

“龙抬头”这天，民间素有串龙尾的习俗，人们将串好的龙尾系在孩子的头发上，挂在窗户上、门口，辟邪祈福，祈求一年健康平安。古时多用炒好的黄豆串成一串作为龙尾戴在身上，现在我们可以用爆米花代替。准备好针线和各种颜色的彩纸，将爆米花和剪成各种形状的彩纸逐一串好，比比看谁串得最长吧！

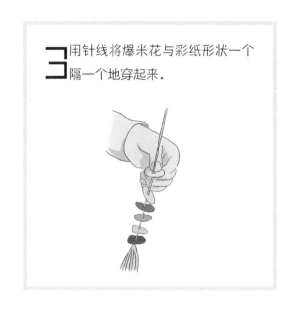

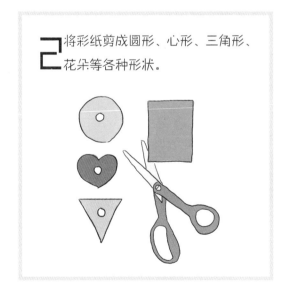

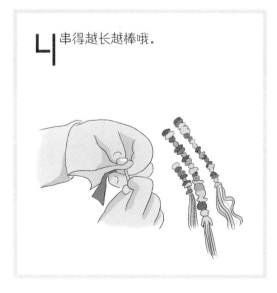

## 户外活动

在杏花纷纷的时节里，带上孩子一起去临安（今杭州），感受古诗中“小楼一夜听春雨，深巷明朝卖杏花”的绝胜江南春色吧。

### 临安春雨初霁

宋·陆游

世味年来薄似纱，谁令骑马客京华。
小楼一夜听春雨，深巷明朝卖杏花。
矮纸斜行闲作草，晴窗细乳戏分茶。
素衣莫起风尘叹，犹及清明可到家。

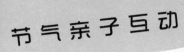

# 惊蛰

惊蛰二月节气浮，
桃始开花放树头；
鸧鹒鸣动无休歇，
催得胡鹰化作鸠。

农历二十四节气中的第三个节气，交节时间点为公历 3 月 5—7 日。惊蛰为农历二月节，标志着仲春时节的开始。

春雨唤春雷，雨水过后便是惊蛰。“蛰”是藏的意思，古人将动物的冬眠称为蛰。当第一声春雷在惊蛰节气响起时，惊醒了冬眠的动物。春雷如鞭，蚯蚓开始松土，蝴蝶冲破茧蛹，蛙儿蛰虫们纷纷出现在春天的大地里，春雷鞭策着世间万物开始活动劳作，中原大部分地区也随之进入春耕时节。

## 桃花夭夭

### 渔歌子

唐·张志和

西塞山前白鹭飞，
桃花流水鳜鱼肥。
青箬笠，绿蓑衣，
斜风细雨不须归。

### 江畔独步寻花（其五）

唐·杜甫

黄师塔前江水东，
春光懒困倚微风。
桃花一簇开无主，
可爱深红爱浅红。

“桃花夭夭，灼灼其华”是《诗经》中形容桃花盛开时红艳美丽的景象。桃花以美丽和娇艳而著称，历代诗人写桃花的诗不计其数，唐代诗人杜甫在《江畔独步寻花（其五）》这首诗里这样描写灿烂春光中桃花的美丽：一株无主的桃花开得绚烂绮丽，使人不知爱深红的好，还是爱浅红的好。另一位唐代诗人张志和在《渔歌子》中把桃花与江南春水放在一起，让流水和绵绵细雨来衬托早春桃花的娇艳。

## 惊蛰三候

- 桃始华：惊蛰之日『桃始华』。桃树开始开花。
- 鸧鹒鸣：惊蛰后五日，『鸧鹒（cāng gēng）鸣』。鸧鹒就是黄鹂，黄鹂鸟能感受到早春的气息，开始在枝头鸣叫。
- 鹰化为鸠：再五日，『鹰化为鸠』。仲春时节，鹰悄悄躲起来繁育后代，而原来蛰伏的鸠纷纷出现，开始鸣叫求偶，古人在惊蛰时节便看不到鹰了，而村里田间的鸠却一下子多起来，使以为鸠是鹰变的。

# 黄鹂啼鸣

## 绝句

唐·杜甫

两个黄鹂鸣翠柳，
一行白鹭上青天。
窗含西岭千秋雪，
门泊东吴万里船。

## 滁州西涧

唐·韦应物

独怜幽草涧边生
上有黄鹂深树鸣
春潮带雨晚来急
野渡无人舟自横

黄鹂属益鸟，以昆虫和浆果为主食，叫声婉转悦耳，羽色艳丽，飞行姿态呈美丽的直线。在温暖的春天里，栖息在树枝上的黄鹂鸟发出格外动听的叫声。唐代诗人杜甫在《绝句》这首诗里，向人们展现了一幅有动有静、远近结合的早春明丽画卷。风和日暖、天朗气清的日子里，诗人闲坐在草堂（今成都杜甫草堂），看到两个黄鹂在绿柳的梢头，啼鸣嫩声细语，抬头仰望碧蓝的晴空，一行白鹭正在展翅起飞，画面辽阔展开，由此成为千古绝句。 而唐代诗人韦应物的代表作《滁州西涧》则是借深林里黄鹂的鸣叫，勾勒出另一幅有声有画的恬淡早春山水图。

## 惊蛰春雷

### 观田家（节选）

唐·韦应物

微雨众卉新，
一雷惊蛰始。
田家几日闲，
耕种从此起。

春雷声惊醒蛰伏于地下冬眠的动物。随着雨水增多，土壤开始松润，惊蛰一过，春雷也响起来。很多地区都进入春耕季节，不论植物、动物还是自然景观早已是一派融融的春光了。“九九加一九，耕牛遍地走”，唐代诗人韦应物在《观田家》一诗中写了惊蛰节气到来的农家景象：细雨绵绵，春雷阵阵，所有的花卉都被雨水洗得焕然一新，农民不再闲暇，为春耕忙碌了起来。

## 春江水暖

### 《惠崇春江晚景》二首（其一）

宋·苏轼

竹外桃花三两枝，
春江水暖鸭先知。
蒌蒿满地芦芽短，
正是河豚欲上时。

惊蛰过后，气温升到 0℃以上，万物开始复苏。动物是最先感受到气温变化的，地下冬眠的动物因为温度升高，新陈代谢恢复正常而苏醒，而水里的动物也能明显感受到水温的变化。宋代僧人惠崇为这样的春天画了一幅《春江晚景》图，画面上江水荡漾，活泼的鸭子在江水中嬉戏游玩，桃花的枝头伸到了竹林的外面，疏疏落落三两枝，在竹子的映衬下格外艳丽。苏轼观后，挥笔在画上题写了《惠崇春江晚景二首》，诗人用“春江水暖鸭先知”将画面无法表达的暖暖春意表现了出来。

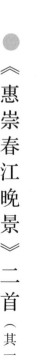

## 节气游戏：为妈妈做卡片

“三八”妇女节即3月8日的国际妇女节，是女性的专属节日，也属于世界性的节日，被很多国家确定为法定假日。教孩子读一读唐代诗人孟郊写的一首歌颂母爱的诗——《游子吟》，让孩子在春天里感受一下古人对母爱的赞美，“谁言寸草心，报得三春晖”——诗人把儿女比喻成春天的小草，把春天比喻成母亲。母亲的爱像春天的阳光雨水哺育着小草，而小草又如何能报答春天的恩情呢?

“谁言寸草心，报得三春晖”，妈妈，我好爱你。

### 游子吟

唐·孟郊

慈母手中线，游子身上衣。
临行密密缝，意恐迟迟归。
谁言寸草心，报得三春晖。

惊蛰到了，大家
都吃梨了吗？

## 节气赏味：惊蛰吃梨

在惊蛰这个节气里，气温乍暖还寒，气候也比较干燥，很容易使人咳嗽，所以民间素有惊蛰吃梨的习俗，梨有利咽生津、润肺止咳化痰的功效，可以增强体质、抵御病菌的侵袭。

## 户外活动：带孩子走进田间观察耕种，感悟光阴

惊蛰到了，桃花开了，
黄鹂叫了，小花小草
发芽了，繁忙的春耕
现在就要开始了！

民间九九歌里有”九九加一九 耕牛遍地走“的说法， 所在的时间就是惊蛰节后，农谚里也说“过了惊蛰节，春耕不停歇“ 。一年之际在于春，只有在春天播种，秋天才能收获，这是亘古不变的自然法则。在中国汉代的古典乐府诗《长歌行》 中这样写道：在整个春天的阳光雨露之下，万物都在争相努力地生长。因为它们都怕秋天到来，它们都知道秋风凋零百草的道理。大自然的生命节奏是这样，人生也更是如此。一个人如果不趁着大好时光而努力奋斗，让青春白白地浪费，等到年老时后悔也来不及了。 趁着春耕农忙时，我们一起去田间亲身感受光阴的珍贵吧！

### 长歌行

汉乐府

青青园中葵，
朝露待日晞。
阳春布德泽，
万物生光辉。
常恐秋节至，
焜黄华叶衰。
百川东到海，
何时复西归。
少壮不努力，
老大徒伤悲。

# 春分

农历二十四节气中的第四个节气，交节时间点为公历 3 月 20—22 日。春分为农历二月节，正值仲春，春分的“分”代表着春天正好过了一半。这一天太阳直射赤道，南北半球的白天和黑夜一样长。春分这天昼夜平分，冷热均衡，是一年中最好的气候。春分时节，我国大部分地区都进入杨柳青青、莺飞草长、小麦拔节、油菜花香、桃红柳绿的美丽春色中。

春色平分各一半，
向时玄鸟重相见；
雷乃发声天际头，
闪闪云开始见电。

## 春分关键词

燕子归来

柳叶青青

江南春意浓

## 燕子归来

### 钱塘湖春行

唐·白居易

孤山寺北贾亭西，
水面初平云脚低。
几处早莺争暖树，
谁家新燕啄春泥。
乱花渐欲迷人眼，
浅草才能没马蹄。
最爱湖东行不足，
绿杨阴里白沙堤。

### 绝句二首（其一）

唐·杜甫

迟日江山丽，
春风花草香。
泥融飞燕子，
沙暖睡鸳鸯。

燕子古时叫玄鸟。民间把脖颈略带粉红色、羽翼着有黑色、腹部乳白色的燕子，称为“家燕”。家燕爱在农舍屋檐下筑巢。乡村人家将房宅有燕子来筑巢，看成是吉祥之兆。北方的民间认为，燕子的故乡在北方，所以他们把春天燕子的到来叫作“归来”。唐代诗人杜甫所写的《绝句二首》和诗人白居易所写的《钱塘湖春行》诗中，都通过描写归来的燕子衔泥筑巢的情景，来展现明媚的大好春光。宋代词人晏殊所写的《浣溪沙》，则通过对归来的燕子的描写，来表达自己的伤春惜时之意，给人以哲理性的启迪和美的艺术享受。

### 浣溪沙

### 一曲新词酒一杯

宋·晏殊

一曲新词酒一杯，
去年天气旧亭台。
夕阳西下几时回？
无可奈何花落去，
似曾相识燕归来。
小园香径独徘徊。

## 春分三候

- 玄鸟至：春分之日，『玄鸟至』，玄鸟就是燕子，燕子是北方的鸟，春分时从南方飞到北方，秋天到来时飞去南方。
- 雷乃发生：春分后五日，『雷乃发生』，雷为阳气之声，天上云层活动活跃，下雨时雷声频发。
- 始电：再五日，『始电』，阳气盛时，电闪雷鸣，春雨不再是绵绵细雨、润物而无声了。

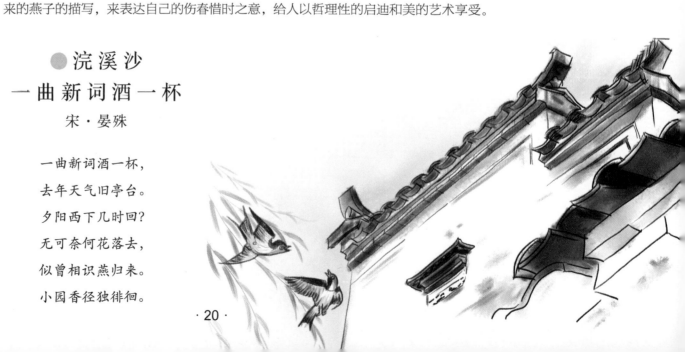

## 柳叶青青

### 咏柳

唐·贺知章

碧玉妆成一树高，
万条垂下绿丝绦。
不知细叶谁裁出，
二月春风似剪刀。

春分最大的物候变化，就是柳叶完全舒展开了。黄绿嫩叶的枝条，在春风中轻柔地拂动。唐代诗人贺知章在《咏柳》诗中，把柳树比喻成一个亭亭玉立的美人，而二月里的春风像一把灵巧的剪刀，剪出了娇绿的嫩叶。

自进入春分时节，春和日丽，桃红柳绿，花草树木竞相争艳。尤其是我国江南地区（广义指长江中下游的长江以南地区，狭义指太湖周边的苏杭等地）升温达10℃以上，进入了最明艳的春季，桃红李白迎春黄，春意最浓。而江南的降水自此也开始迅速增多，进入春季“桃花汛”期。古代文人墨客不负江南好春光，留下诸多名篇佳作。唐代诗人杜牧在《江南春》中用千里莺啼把我们带入到江南那花红柳绿、烟雨蒙蒙的世界。而唐代大诗人白居易在《忆江南》中形容江南江边的鲜花像火一般映照着日出，把江南的美好春景留在我们的记忆中。

## 江南春意浓

### 忆江南

唐·白居易

江南好，风景旧曾谙。
日出江花红胜火，
春来江水绿如蓝。
能不忆江南？

### 江南春

唐·杜牧

千里莺啼绿映红，
水村山郭酒旗风。
南朝四百八十寺，
多少楼台烟雨中。

## 节气游戏：春分竖鸡蛋

“春分到，蛋儿俏”，古人认为春分这天最容易把鸡蛋立起来，因此每年春分这一天，民间流行“竖鸡蛋”的游戏，据考证这种习俗在中国已流传了四千多年。现在这种习俗已经流传到了世界各地，每年春分这天，世界各地都会有数以千万计的人在做“竖蛋”游戏。为什么春分这一天能将鸡蛋竖起来？有一种说法认为，春分当日太阳直射赤道，阴阳两极平衡，因此鸡蛋容易竖立起来。

成功了！成功了！
必须要用生鸡蛋才有可能竖起来！

### Tips

1 必须要选生鸡蛋，因为熟鸡蛋的蛋清、蛋黄凝固，重心不易改变，很难竖起来。

2 要选“出生”四五天之后的新鲜鸡蛋。此时，蛋清与蛋黄之间略带松弛，蛋黄稍有些下沉，鸡蛋重心降低，有利于将鸡蛋竖立。

3 一定要选一个一头略尖，另一头圆的鸡蛋，形状类似于不倒翁，让鸡蛋大头朝下，轻轻放在桌面或地面上，现在比比看，谁的鸡蛋立起来了？

## 户外活动：和孩子一起放风筝

风筝也叫纸鸢，起源于中国，最早的风筝相传是由春秋战国时期的哲学家墨子制造的。春分时节，春暖花开，阳光明媚，正是放风筝的好季节。传统中医认为，放风筝者沐浴和煦的阳光和春风，可以增强体质，提高身体免疫力。清朝诗人高鼎在《村居》的诗中，将早春二月的草长莺飞和儿童放风筝的欢快景象描绘得生机盎然。

### 村居

清·高鼎

草长莺飞二月天，
拂堤杨柳醉春烟。
儿童散学归来早，
忙趁东风放纸鸢。

哈哈，太好玩儿了，我还要再飞得高一点！
“妮妮”放学归来早，忙趁东风放“萌虎”。

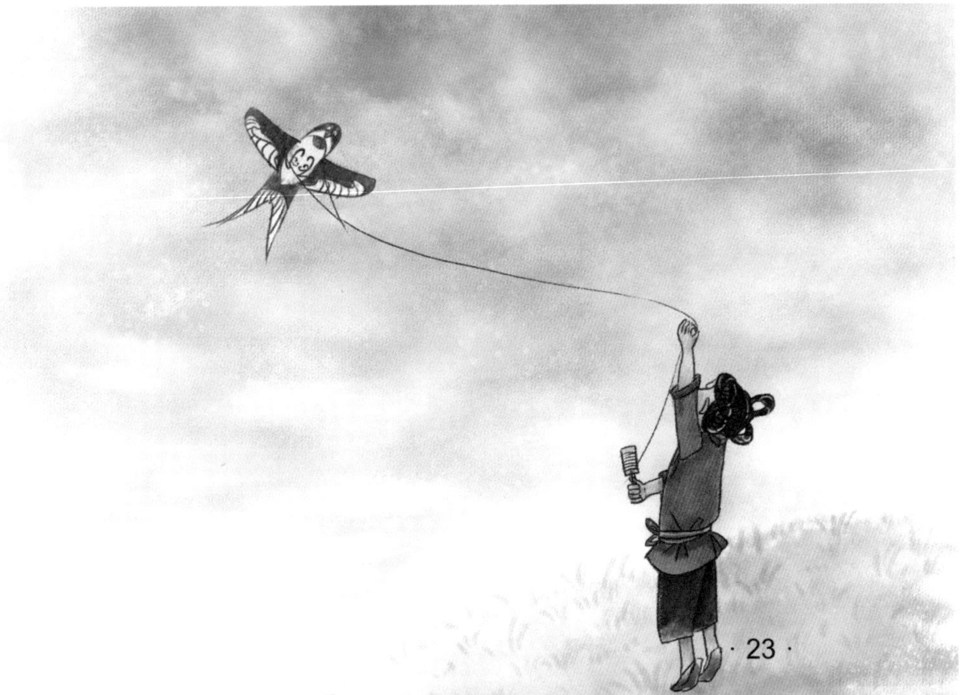

## 节气赏味：春分吃春菜吃萝卜

萌萌虎不爱吃萝卜，
可是都说春分吃萝卜，
不会生病呢……

冬春交替时节，乍暖还寒，人们容易感染一些疾病，在一些地区有春分吃萝卜保平安的传统习俗。民间有“常吃萝卜菜，啥病都不害”之说。萝卜营养丰富，确实有预防和治疗疾病的功效。

# 清明

农历二十四节气中的第五个节气，交节时间点为公历 4 月 4—6 日。清明是三月节，此时进入暮春时节。西汉的《淮南子》中说，在春分十五日之后，清明风便来了。万物生长到这个时候，多被雨水滋润得晶莹干净，所以称为清明。清明在寒食节之后一天，从唐代开始，清明渐渐融合了寒食节的习俗，成为祭奠祖先、追思先人的中国传统节日之一。

芳菲三月报清明，
梧桐枝上始含英；
田鼠化鴽人不觉，
虹桥始见雨初晴。

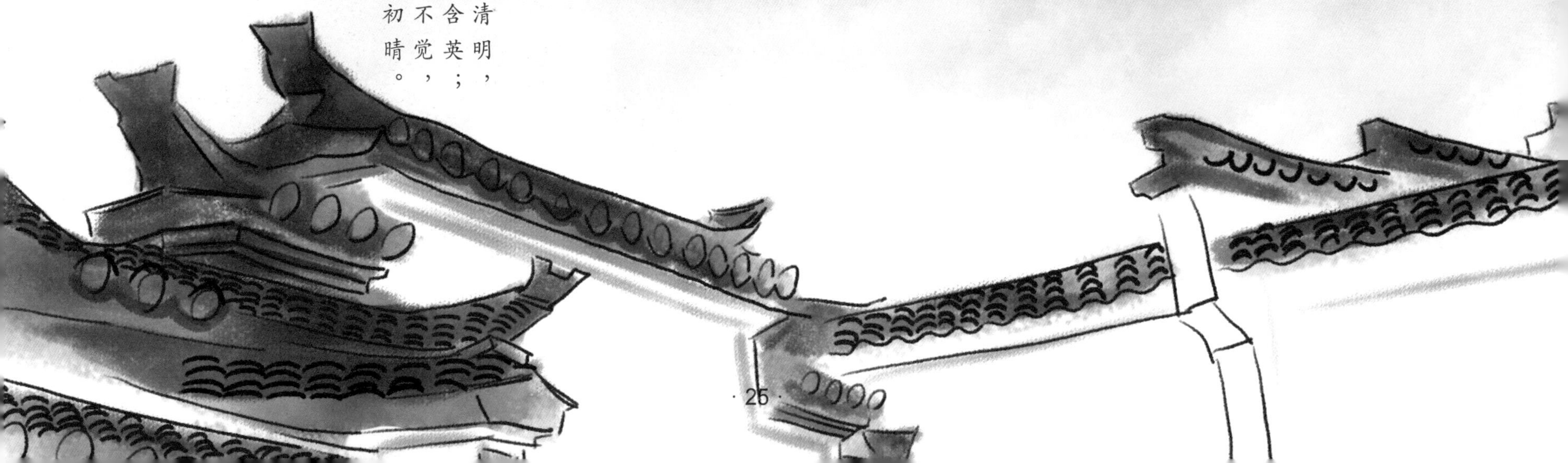

## 春分关键词

清明雨

寒食节

踏青春游

### 清明

唐·杜牧

清明时节雨纷纷，
路上行人欲断魂。
借问酒家何处有？
牧童遥指杏花村。

### 清明雨

依照民间习俗，清明节要为故去的亲人扫墓祭奠。寒食节后气氛清冷，阴雨绵绵。唐代诗人杜牧在著名的《清明》诗中写的就是落雨纷纷的清明雨天，与悲愁气氛相得益彰。

## 清明三候

- 桐始华：清明之日，『桐始华』。桐花开了。『桐花开，清明到』，桐花为白色，花期较短，桐花开过之后，繁盛春景已过，该是落花惜春之时了。
- 田鼠化为鴽：清明后五日，『田鼠化为鴽』。鴽（rú），鹌鹑之类的小鸟，田鼠在春天到来时纷纷钻出地面觅食，转而又回到巢穴，而小鸟整日出现在田间，古人便说小鸟是田鼠变成的。
- 虹始见：再五日，『虹始见』。太阳照在雨滴上，形成了彩虹。

## 寒食节

### 寒食日即事

唐·韩翃

春城无处不飞花，
寒食东风御柳斜。
日暮汉宫传蜡烛，
轻烟散入五侯家。

寒食节在清明前一两天，是古代一个传统节日，古人很重视这个节日，到了这天按风俗家家禁火，只吃现成食物，所以称为“寒食”。唐代诗人韩翃在《寒食日即事》一诗中写了当时的寒食习俗：长安城（今西安）已到暮春之时，满城飞花飘落，虽然寒食节家家都不能生火点灯，但皇宫却例外，天还没黑，宫里就忙着分送蜡烛，除了皇宫，宠臣也可得到这份恩典。

## 踏青春游

清明节后来还吸收了另外一个较早出现的节日——上巳节的内容。上巳节古时在农历三月初三举行，主要风俗是踏青。踏青又叫春游。清明时节，万物生长，生机勃勃，山野翠绿，空气清洁而明净，正是郊外游玩的大好时光。我国民间长期保持着踏青春游的传统习惯。北宋的理学奠基人程颢在《郊行即事》里，目睹春色已到远山，四周一片碧绿，感叹在清明好天气里，踏青游乐的惬意自得和享受当下的悠然心境。

### 郊行即事

宋·程颢

芳草绿野恣行事，春入遥山碧四周；
兴逐乱红穿柳巷，固因流水坐苔矶；
莫辞盏酒十分劝，只恐风花一片红；
况是清明好天气，不妨游衍莫忘归。

## 节气赏味：吃清明青团

清明时节除了扫墓和踏青，江南一带还有吃青团子的习俗。青团子的原料之一是一种叫“艾草”的野生植物，将这种植物捣碎后取汁，和着糯米粉制成团子，团子的馅心是用细腻的糖豆沙制成的。蒸熟后的青团清香扑鼻，吃起来甜而不腻。

青团一定要摘新鲜的艾草，这样做出来才最正宗！

## 户外活动：带孩子“烟花三月下扬州”，来一场踏青短途旅行吧。

农历的三月，扬州烟柳满城，是最美的季节。瘦西湖历史悠久，有五亭桥、白塔、二十四桥等名胜。“故人西辞黄鹤楼，烟花三月下扬州。”李白脍炙人口的千古绝唱，平添了扬州这座古城名邑的无限风韵。

快看，我们快到了，前面就是扬州城了。

## 黄鹤楼送孟浩然之广陵

唐·李白

故人西辞黄鹤楼，
烟花三月下扬州。
孤帆远影碧空尽，
唯见长江天际流。

## 节气手工：制作清明小白花扫墓时献给逝去的亲人

清明扫墓是流传了几千年的祭奠习俗，是为了对死者表示悼念、敬畏和感恩。

1 最好使用质地柔软且有韧性的纸，色泽要纯

2 把几张纸取出，纸张数越多，最后的成品越像花。

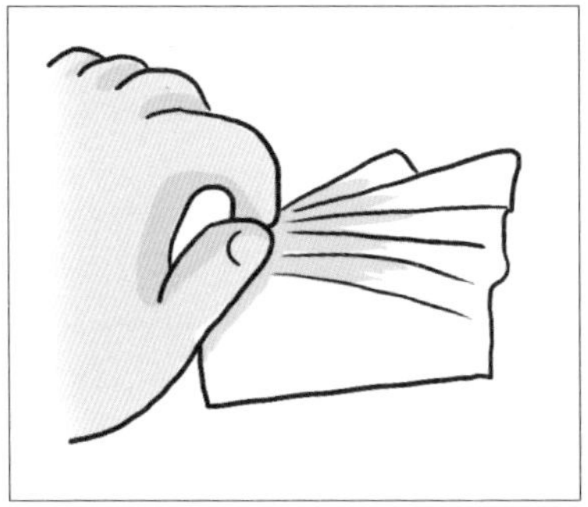

3 把这 5 张纸摞起来。

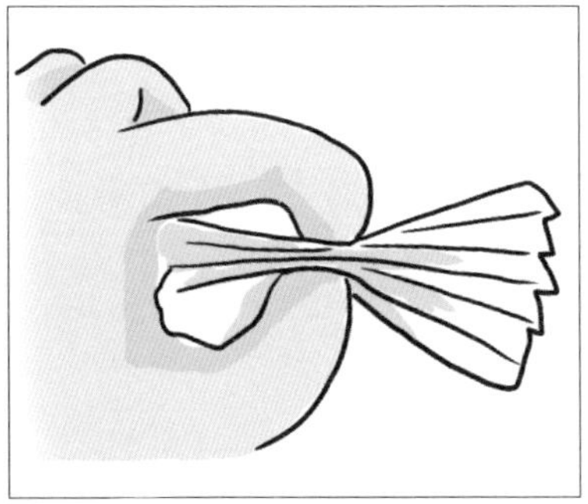

4 像折扇子一样从一边折起。

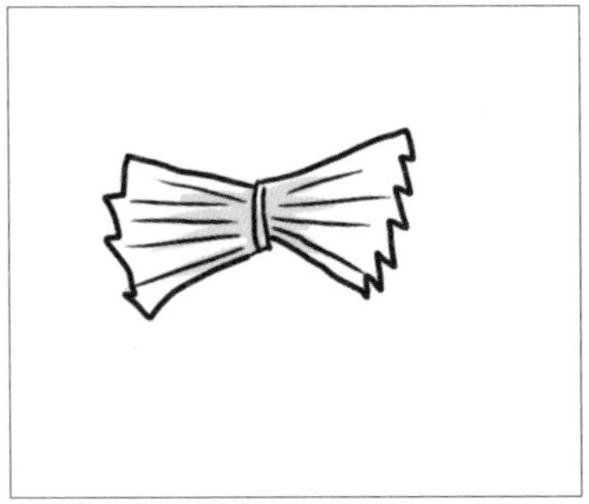

5 全部折完后，用绳子或线等任何可以扎住的东西，把折好的纸扎住。

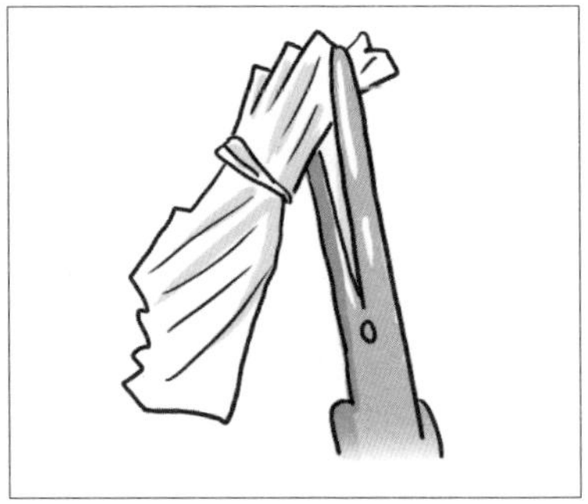

6 用剪刀把边缘修剪一下。

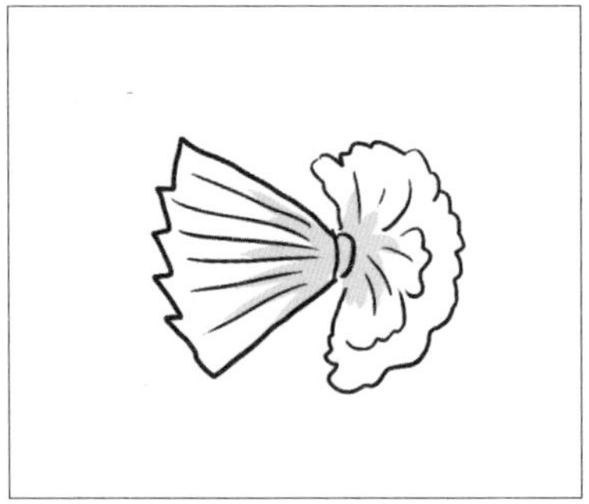

7 修剪完后，把花瓣一层层掀起来。

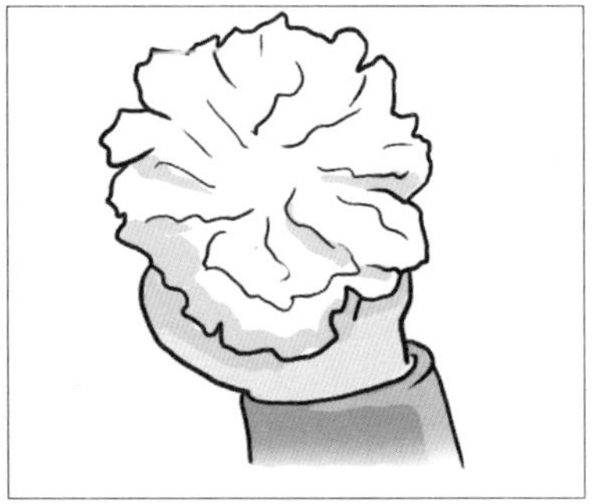

8 一朵小白花就这样完成了。

# 谷雨

三月中时交谷雨，
萍始生遍闲洲渚；
鸣鸠自拂其羽毛，
戴胜降于桑树隅。

农历二十四节气中的第六个节气，交节时间点为公历 4 月 19—21 日。谷雨为三月中，已到暮春花落时。谷雨是春季的最后一个节气，这时田中的秧苗初插、作物新种，气候温暖、多雨潮湿，“雨生百谷”意思就是说谷物此时借雨水滋润，最利于茁壮生长。而在文人墨客眼里的谷雨时节，已是落花纷纷，春将告别，难掩伤春情绪。

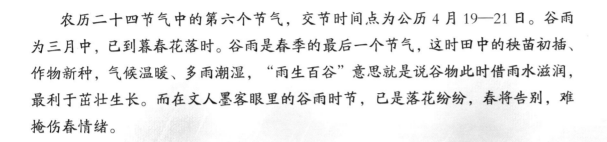

## 谷雨关键词

晚春花落

浮萍始生

牡丹花开

### 晚春花落

暮春的时节，盛开了一个春天的花朵纷纷凋谢，古人见落花而伤怀，所以出现了很多写落花的诗。唐代诗人孟浩然在《春晓》一诗中写道：春天里一觉醒来天色已经大亮，到处是鸟儿清脆婉转的鸣叫。回想昨夜的风雨声，不知道有多少盛开的花朵被风雨打落了。诗人的语气里表达出了淡淡的惜花之情。同样，唐代诗人杜甫，在风景一派大好的江南的落花时节，遇到了熟人李龟年，不觉心生伤感，写下了《江南逢李龟年》一诗。唐代著名诗人李白，在《闻王昌龄左迁龙标遥有此寄》的诗中则通过描写柳絮飘落、子规啼鸣的晚春景象，来表达对友人王昌龄的思念之情。

#### 春晓

唐·孟浩然

春眠不觉晓，
处处闻啼鸟。
夜来风雨声，
花落知多少。

#### 江南逢李龟年

唐·杜甫

岐王宅里寻常见，
崔九堂前几度闻。
正是江南好风景，
落花时节又逢君。

#### 闻王昌龄左迁龙标遥有此寄

唐·李白

杨花落尽子规啼，
闻道龙标过五溪。
我寄愁心与明月，
随风直到夜郎西。

## 谷雨三候

萍始生：谷雨之日，『萍始生』。浮萍和水从此相逢，萍是一种水草，与水面相平。谷雨的降水和温度，适宜浮萍生长，一晚上就能生长出许多。

鸣鸠拂其羽：谷雨后五日，『鸣鸠拂其羽』。这里的鸠被认为是布谷鸟，布谷鸟时不时拂袖其羽毛，像跳舞一般，开始『布谷布谷』鸣叫，提醒人们播种『布谷』了。

戴胜降于桑：再五日，『戴胜降于桑』。戴胜是一种鸟，头顶有长毛，又称为鸡冠鸟，此时落于桑树上，提醒人们春蚕快要出来了。

## 浮萍始生

浮萍又叫青萍、水萍草，是生长在水面的浮生植物，喜欢温暖的气候和潮湿的环境，多生长在水田、沼泽和湖泊里。在谷雨节气前后，气温达到 20℃—22℃，水里的浮萍开始迅速生长。唐代诗人杜牧在《齐安郡后池绝句》的诗中，用细雨、菱叶、浮萍、夏莺、蔷薇和鸳鸯组成一幅清幽而妍丽的画面：在一个蒙蒙细雨的天气里，来到一座幽静的园林，水池中的水面上铺满了菱叶和浮萍，夏莺在蔷薇和花枝间穿梭鸣叫，水中还有成对的鸳鸯在戏水。

### 齐安郡后池绝句

唐·杜牧

菱透浮萍绿锦池，
夏莺千啭弄蔷薇。
尽日无人看微雨，
鸳鸯相对浴红衣。

## 牡丹花开

牡丹又被称为谷雨花，谷雨时节花开。根据花的颜色，可分成上百个品种，花大色艳，富丽堂皇，被拥戴为花中之王，故有“国色天香”的美誉。牡丹作为观赏植物栽培，始于南北朝时期。到了唐代，宫廷和民间种植牡丹都已非常普遍了，谷雨前后正是牡丹花盛开的时节。唐代诗人刘禹锡在《赏牡丹》的诗中，描写了当时人们赏牡丹花的宏大场面：牡丹开花的季节引得无数的人来欣赏，整个长安城都轰动了。

### 赏牡丹

唐·刘禹锡

庭前芍药妖无格，
池上芙蕖净少情。
唯有牡丹真国色，
花开时节动京城。

## 节气赏味：北方吃香椿，南方喝茶

谷雨前后是香椿上市的时节，北方有吃香椿的习俗，这时的香椿醇香爽口，营养价值高，民间有“雨前香椿嫩如丝”之说；而南方则有饮谷雨茶的传统，谷雨前后的茶叶经过雨露的滋润，喝起来口感醇香绵和，相传说谷雨这天的茶具有清火、辟邪、明目等功效。

妮妮你快点吃香椿吧，过了这时节，又要等明年了！
谷雨的茶，一样也是过了时节就喝不到了呢。

## 户外活动：种瓜点豆：和孩子一起播种瓜豆种子

谷雨过后，寒潮天气基本结束，气温回升加快，雨量充足而及时，是谷类作物生长的最佳时间。农谚有“谷雨前后，种瓜点豆”之说。

“谷雨时节，雨生百谷”，这时候谷物长得最快了！
下雨了下雨了，小种子快快长大吧！

## 亲子互动：节气手工：养春蚕

春蚕是一年当中最好养的一期蚕，发病率较小，且易于养殖。教小孩子养春蚕，只需要准备一个大一点的纸盒，铺上桑叶，当桑叶不新鲜时要经常更换，同时还要准备一根细长的棍子，备着蚕结茧时使用。

1 蚁蚕身体很小，呈黝黑色，桑叶要嫩，剪小了再喂食。

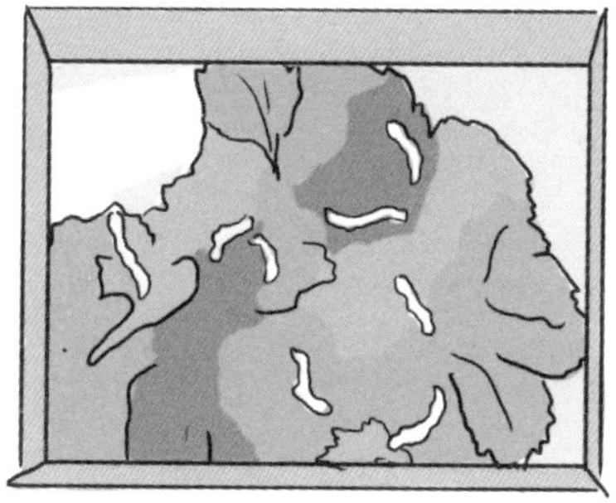

2 待蚁蚕稍微长大一点，桑叶就不需要剪开了。

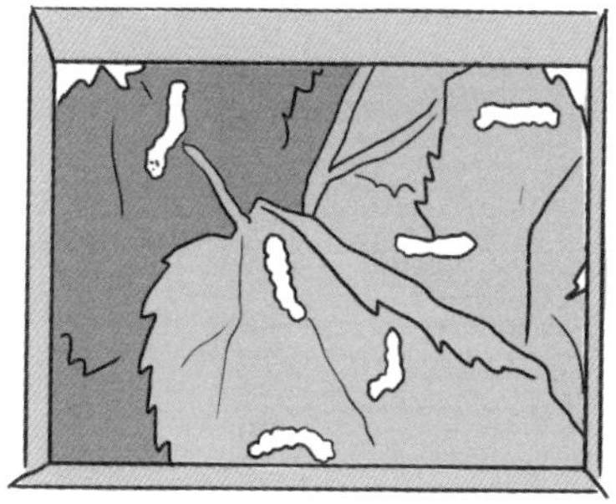

3 蚕宝宝进餐比较猛，长得快，胃口大开。

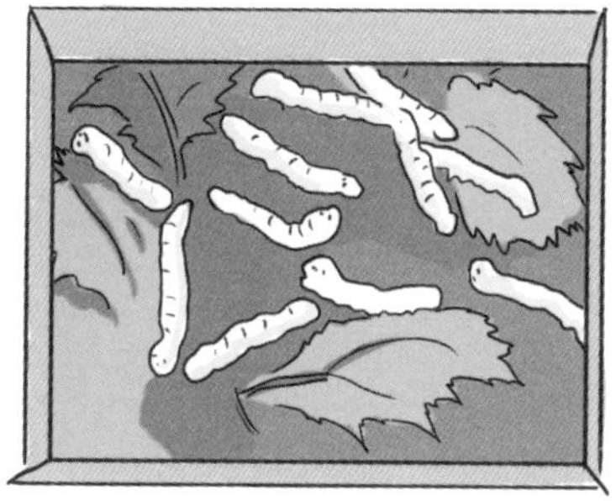

4 蚕的一生基本上都在进食，要及时备足桑叶。

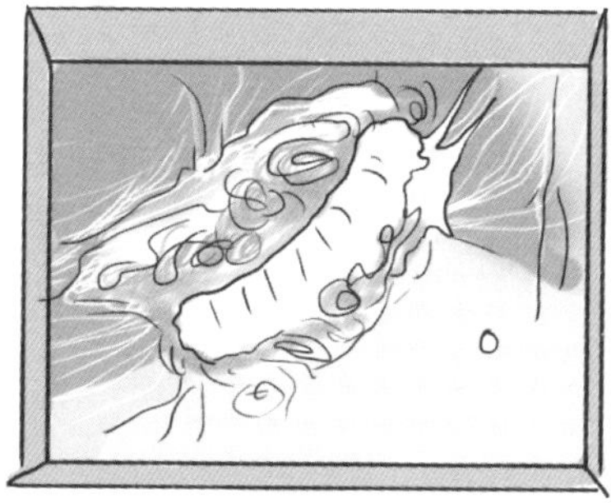

5 在第4次蜕皮后，蚕宝宝进入吐丝状态。

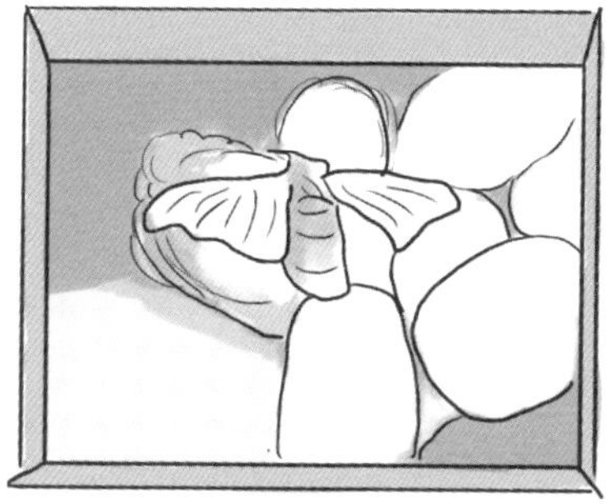

6 养一期蚕一个月左右，直到蛾子产完卵结束。

### 无题

唐·李商隐

相见时难别亦难，东风无力百花残。
春蚕到死丝方尽，蜡炬成灰泪始干。
晓镜但愁云鬓改，夜吟应觉月光寒。
蓬山此去无多路，青鸟殷勤为探看。

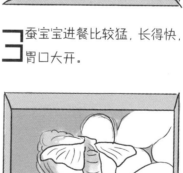

立春

春分

雨水

清明

惊蛰

谷雨

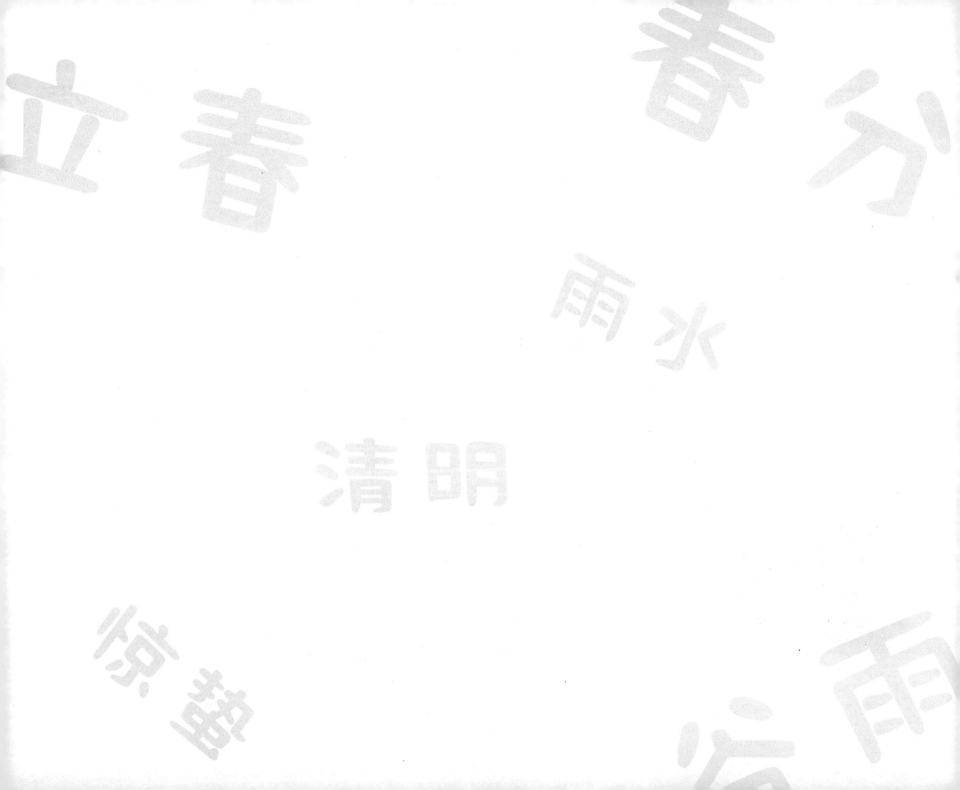

# 春天的巴士

乘坐巴士开启节气之旅吧，巴士要按照顺序停靠每一个节气站，然后才能去到夏天哦！

1. 请在迷宫里找到萌萌虎，看看那一站的天气怎么样？
2. 你能找到两只蚯蚓吗？它们在哪一站呢？
3. 看看小春鸡在哪一站等车呢？

# 立春

请给春饼、春菜涂上颜色，并在空白处 画上更多的春季蔬菜吧！

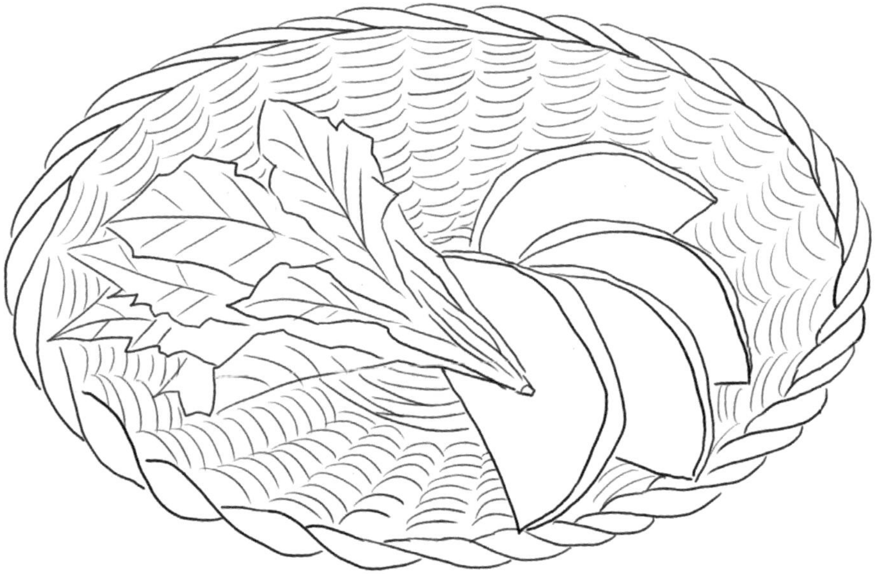

# 立春

## 立春必背诗词索引

| | | | |
|---|---|---|---|
| * 《元日》宋　王安石 | 春卷 P2 | 关键词：元日开春 | □ |
| * 《春日》宋　朱　熹 | 春卷 P3 | 关键词：东风解冻 | □ |
| * 《泊船瓜洲》宋　王安石 | 春卷 P3 | 关键词：东风解冻 | □ |

以上必背诗词主要为“新部编”大纲中小学必背诗词，正当立春时节，一边背诗一边感受节气之美吧！

立春一候（　）（　）解冻

立春二候蛰（　）（　）始震

立春三候（　）陟负冰

请在书中查找立春三候，并把空缺的字填到括号里。

答案：春卷 P2

## 节气日记

在立春时节里，用照片或文字记录你看到的和感受到的自然变化吧！

猜出 P6 的灯谜了吗？
答案是：日

# 雨水

这里正在下大雨还是小雨呢？请画出下雨的样子，并给画面涂上颜色吧！

# 雨水

## 雨水必背诗词索引

- *《早春呈水部张十八员外》唐 韩愈 春卷 P8 关键词：春雨润物 □
- *《春夜喜雨》唐 杜甫 春卷 P8 关键词：春雨润物 □
- *《送元二使安西》唐 王维 春卷 P8 关键词：春雨润物 □
- *《次北固山下》唐 王湾 春卷 P9 关键词：大雁北归 □
- *《游园不值》南宋 叶绍翁 春卷 P9 关键词：杏花春色 □

以上必背诗词主要为“新部编”大纲中小学必背诗词，正当雨水时节，一边背诗一边感受节气之美吧！

雨水一候 獭祭（ ）

雨水二候 候雁（ ）

雨水三候（ ）（ ）萌动

请在书中查找雨水三候，并把空缺的字填到括号里。

答案：春卷 P8

## 节气日记

在雨水时节，用图片、照片或文字记录你看见和感受到的自然变化吧！

记得用爆米花玩“串龙尾”游戏哦！

# 惊蛰

九九加一九，耕牛遍地走，给春意盎然的农田涂上最美丽的颜色吧！

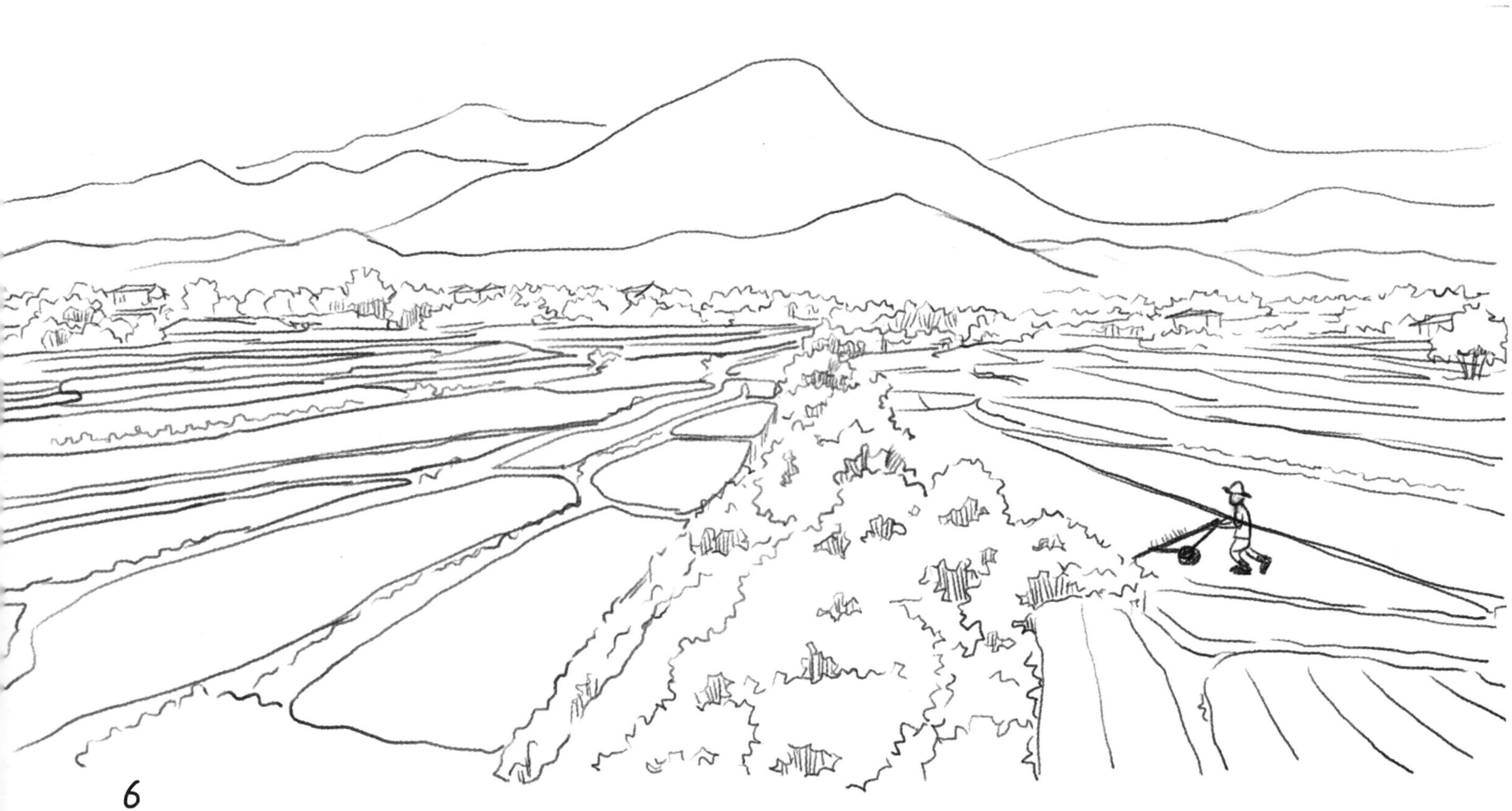

# 惊蛰

## 惊蛰必背诗词索引



以上必背诗词主要为“新部编”大纲中小学必背诗词，正当惊蛰时节，一边背诗一边感受节气之美吧！

惊蛰一候（ ）始华

惊蛰二候 仓庚（ ）

惊蛰三候 鹰化为鸠

请在书中查找惊蛰三候，并把空缺的字填到括号里。

答案： 春卷 P14

**节气日记** 在惊蛰时节，用图片、照片或文字记录你看见和感受到的自然变化吧！

惊蛰到了，看看外面小草都长出来了吗？

# 春分

春分玄鸟至，小燕子已经出现了，你在户外还能看见什么鸟呢，给这幅画涂上颜色，并在天空中画上更多的鸟吧。

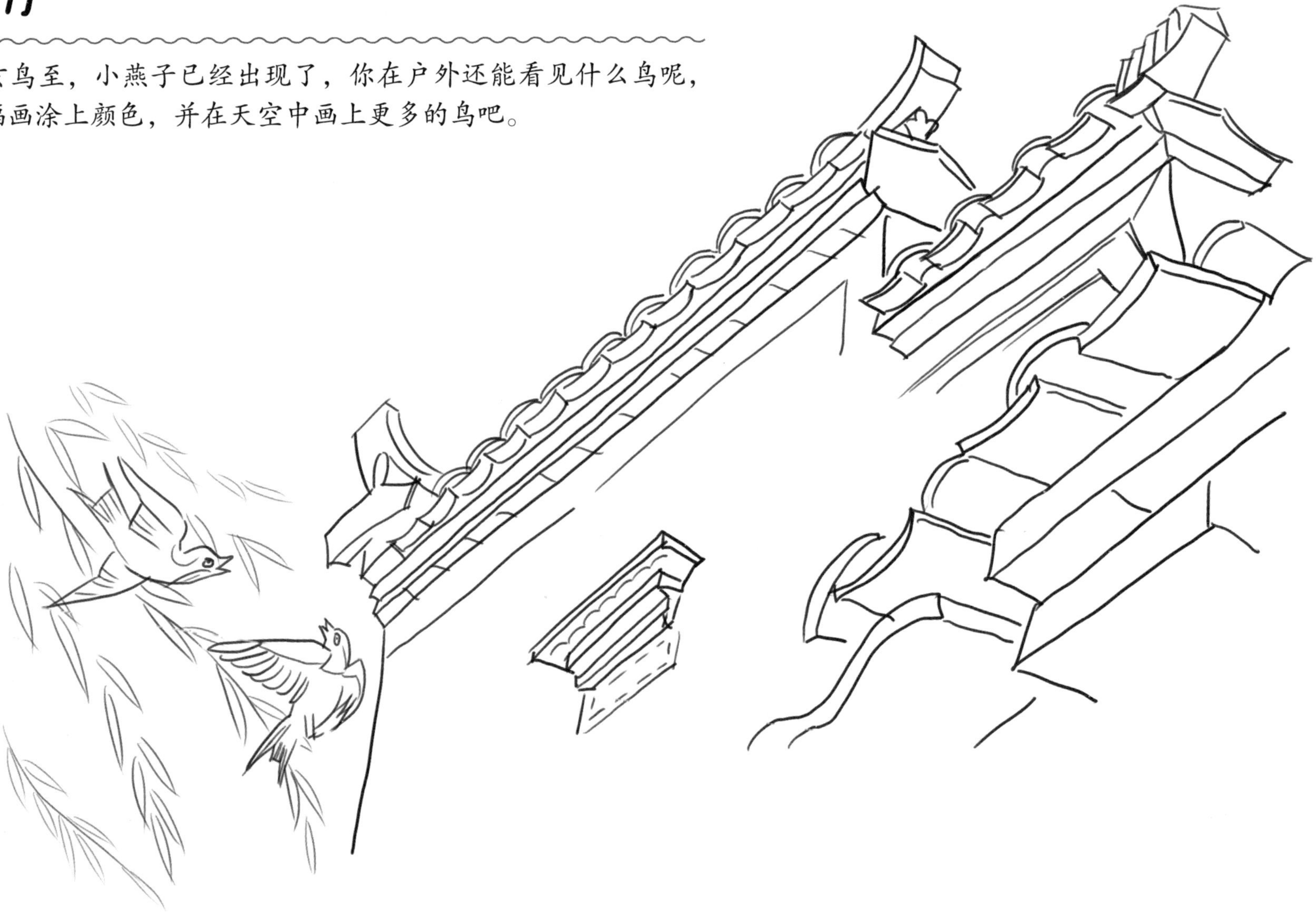

# 春分

## 春分必背诗词索引

以上必背诗词主要为“新部编”大纲中小学必背诗词，正当春分时节，一边背诗一边感受节气之美吧！

惊蛰一候 玄（ ）至

惊蛰二候（ ）乃发生

惊蛰三候 萌动（ ）

请在书中查找春分三候，并把空缺的字填到括号里。

答案： 春卷 P20

## 节气日记

在春分时节，用图片、照片或文字记录你看见和感受到的自然变化吧！

春分到，蛋儿俏，大家一起竖鸡蛋！

# 清明

清明时节下雨了吗？画出你眼中的清明时节吧！

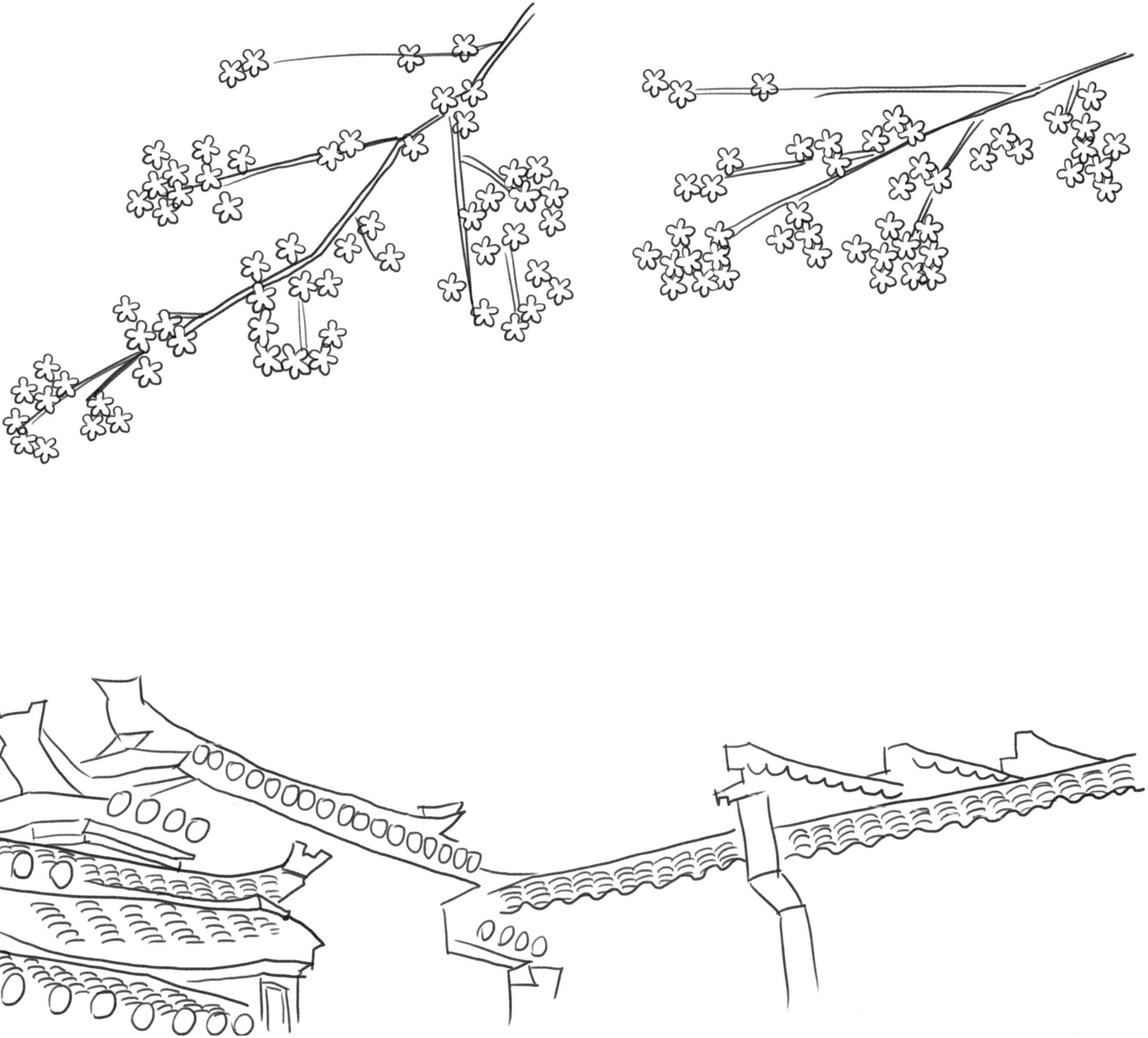

# 清明

**清明必背诗词索引**

- * 《清明》唐 杜牧　春卷 P26 关键词：清明雨 □
- * 《寒食日即事》唐 韩　春卷 P27 关键词：寒食节 □
- * 《黄鹤楼送孟浩然之广陵》唐 李白　春卷 P29 关键词：节气亲子互动 □

以上必背诗词主要为“新部编”大纲中小学必背诗词，正当清明时节，一边背诗一边感受节气之美吧！

清明一候 桐始（　）

清明二候（　）鼠化为鴽

清明三候 虹始（　）

请在书中查找清明三候，并把空缺的字填到括号里。

答案： 春卷 P26

## 节气日记

在清明时节，用图片、照片或文字记录你看见和感受到的自然变化吧！

烟花三月，和我们踏上旅程去寻花吧！

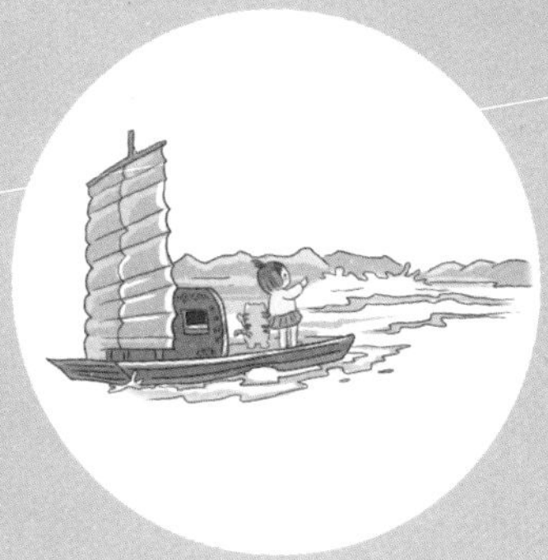

# 谷雨

你见过的美丽梯田是什么颜色呢？请给谷雨时节涂上漂亮的颜色！

# 谷雨

## 谷雨必背诗词索引

* 《江南逢李龟年》唐 杜甫　春卷 P32 关键词：晚春花落 □
* 《闻王昌龄左迁龙标遥有此寄》唐 李白　春卷 P32 关键词：晚春花落 □
* 《无题》唐 李商隐　春卷 P35 关键词：节气亲子游戏 □

以上必背诗词主要为“新部编”大纲中小学必背诗词，正当谷雨时节，一边背诗一边感受节气之美吧！

谷雨一候 萍始（ ）

谷雨二候 鸣鸠拂其（ ）

谷雨三候 戴胜降于（ ）

请在书中查找谷雨三候，并把空缺的字填到括号里。

答案：春卷 P32

## 节气日记

在谷雨时节，用图片、照片或文字记录你看见和感受到的自然变化吧！

大家都吃了美味香椿了吗？

# 夏日的池塘

妮妮和萌萌虎乘着小船要去采荷花送给鸭妈妈，一定要按顺序采齐6朵莲花才行哦！

1. 你能在迷宫里找到4只蜜蜂和2只蜻蜓吗？
2. 你能在哪两个节气那里看到青蛙呢？
3. “小娃撑小艇”是哪首诗里的句子？

# 立夏

## 立夏必背诗词索引

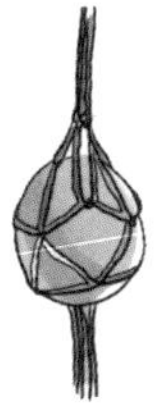

* 《山亭夏日》唐 高骈　　夏卷 P2 关键词：绿树成荫 □

* 《书湖阴先生壁》宋 王安石　　夏卷 P2 关键词：绿树成荫 □

以上必背诗词主要为“新部编”大纲中小学必背诗词，正当立夏时节，一边背诗一边感受节气之美吧！

立夏一候蝼（　）鸣

立夏二候蚯蚓（　）

立夏三候（　）（　）生

请在书中查找立夏三候，并把空缺的字填到括号里。

答案：夏卷 P2

## 节气日记

在立夏时节，用图片、照片或文字记录你看见和感受到的自然变化吧！

立夏时节，和我们一起采摘樱桃吧！

# 立夏

画上更多的茂密树叶并涂上夏天的颜色吧，有谁在树下乘凉呢？开始自由创作吧！

# 小满

## 小满必背诗词索引

* 《夏日田园杂兴》（其一）宋 范成大　　夏卷 P9 关键词：养蚕织布 □
* 《乡村四月》宋 翁卷　　夏卷 P9 关键词：养蚕织布 □
* 《小池》宋 杨万里　　夏卷 P9 关键词：蜻蜓起舞 □

以上必背诗词主要为“新部编”大纲中小学必背诗词，正当小满时节，一边背诗一边感受节气之美吧！

小满一候（　　）菜秀

小满二候　靡（　　）死

小满三候　麦（　　）至

请在书中查找小满三候，并把空缺的字填到括号里。

答案：　夏卷 P8

## 节气日记

在小满时节，用图片、照片或文字记录你看见和感受到的自然变化吧！

小满时节食苦菜，现在帮萌萌虎一起挖野菜吧！

# 小满

除了小麦满盈，小满节气还有什么特色呢，一起画到画面上吧！

# 芒种

## 芒种必背诗词索引

* 《四时田园杂兴》宋 范成大　　夏卷 P13 关键词：黄梅时节 □
* 《约客》宋 赵师秀　　夏卷 P13 关键词：黄梅时节 □

以上必背诗词主要为“新部编”大纲中小学必背诗词，正当芒种时节，一边背诗一边感受节气之美吧！

芒种一候 螳螂生

芒种二候 鵙（　）鸣

芒种三候 反（　）无声

请在书中查找芒种三候，并把空缺的字填到括号里。

答案：夏卷 P12

## 节气日记

在芒种时节，用图片、照片或文字记录你看见和感受到的自然变化吧！

等端午节一起去看赛龙舟吧！

# 芒种

远处的山上还能看到什么景色呢，涂上颜色并自由创作你眼中的芒种时节！

# 夏至

## 夏至必背诗词索引

* 《所见》清 袁枚　　夏卷 P18 关键词：蝉鸣　☐
* 《江南》汉 乐府　　夏卷 P19 关键词：荷塘胜景　☐
* 《池上》唐 白居易　　夏卷 P19 关键词：荷塘胜景　☐

以上必背诗词主要为“新部编”大纲中小学必背诗词，正当夏至时节，一边背诗一边感受节气之美吧！

夏至一候（　）角解

夏至二候蜩始（　）

夏至三候半（　）生

请在书中查找夏至三候，并把空缺的字填到括号里。

答案：夏卷 P18

## 节气日记

在夏至时节，用图片、照片或文字记录你看见和感受到的自然变化吧！

在夏卷 P21 页，找到有趣的夏日九九歌吧！

# 夏至

美丽的荷花开满池塘，画上更多的荷花、荷叶，并画出『鱼戏莲叶间』的景色！

# 小暑

**小暑必背诗词索引**

* 《晓出净慈寺送林子方》宋 杨万里　　夏卷 P28 关键词：节气亲子互动 □

以上必背诗词主要为“新部编”大纲中小学必背诗词，正当小暑时节，一边背诗一边感受节气之美吧！

小暑一候　温（　）至

小暑二候　蟋蟀（　）壁

小暑三候（　）始挚

请在书中查找芒种三候，并把空缺的字填到括号里。

答案：夏卷 P24

**节气日记** 在小暑时节，用图片、照片或文字记录你看见和感受到的自然变化吧！

“下咽顿除烟火气，入齿便作冰雪声。”说的是什么水果呢？

# 小暑

给画面涂上颜色，并画上更多的草木，让山中变得更凉快一些吧！

# 大暑

## 大暑必背诗词索引

* 《六月二十七日望湖楼醉书》宋 苏轼　　夏卷 P31 关键词：大雨行时 □
* 《悯农》唐 李绅　　夏卷 P32 关键词：节气亲子互动 □

以上必背诗词主要为“新部编”大纲中小学必背诗词，正当大暑时节，一边背诗一边感受节气之美吧！

大暑一候 腐草为（　）

大暑二候（　）润溽暑

大暑三候（　）（　）行时

请在书中查找大暑三候，并把空缺的字填到括号里。

答案： 夏卷 P30

## 节气日记

在大暑时节，用图片、照片或文字记录你看见和感受到的自然变化吧！

大暑一候“腐草为萤”，现在和我们一起找寻萤火虫的踪迹吧！

# 大暑

炎热的夏天，谁准备吃这块切好的西瓜呢？添加人物，自由创作你的画面吧！

## 秋天的果实

秋天到了，松鼠妈妈准备要摘果回家给宝宝储藏，请帮助松鼠妈妈依次摘下6个最大的节气果实，并回到家里吧！

1. 你能找到画面中的四只小鸟吗？
2. 秋天到来时，哪些鸟儿会迁徙，哪些鸟儿会留下过冬呢？

# 立秋

一叶知秋，这片掉下来的叶子是什么树上的叶子呢？
涂上颜色并画出这棵大树吧！

# 立秋

## 立秋必背诗词索引

| | | | |
|---|---|---|---|
| * | 《秋夜将晓出篱门迎凉有感》宋 陆游 | 秋卷 P2 关键词：凉风至 | ☐ |
| * | 《相见欢》南唐 李煜 | 秋卷 P4 关键词：梧桐报秋 | ☐ |
| * | 《秋夕》唐 杜牧 | 秋卷 P4 关键词：七夕节 | ☐ |
| * | 《浪淘沙》唐 刘禹锡 | 秋卷 P4 关键词：七夕节 | ☐ |

以上必背诗词主要为“新部编”大纲中小学必背诗词，正当立秋时节，一边背诗一边感受节气之美吧！

立秋一候（　　）风至

立秋二候（　　）露降

立秋三候（　　）蝉鸣

请在书中查找立秋三候，并把空缺的字填到括号里。

答案：秋卷 P2

## 节气日记

在立秋时节，用图片、照片或文字记录你看见和感受到的自然变化吧！

经过一个炎热的夏天，看体重轻了没有？

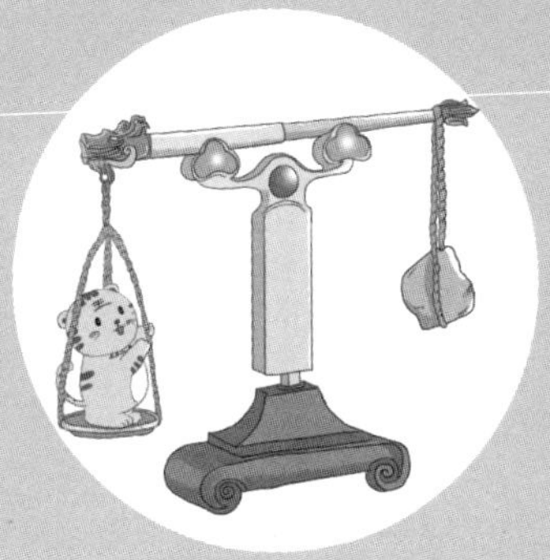

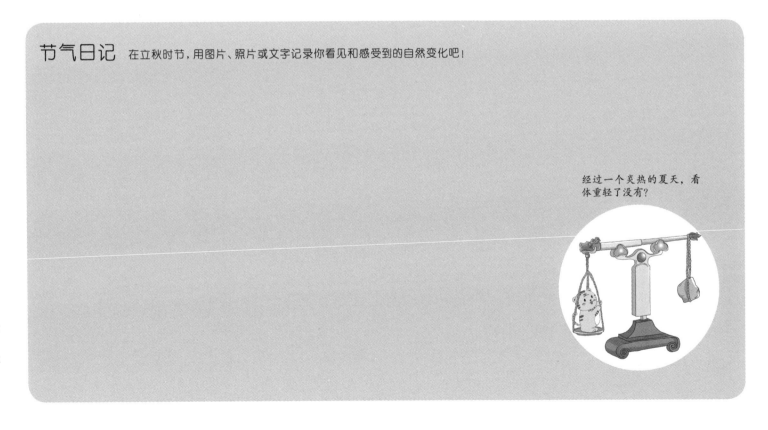

# 处暑

处暑时节的树叶还绿吗？看看窗外，画下你眼中的处暑色彩吧！

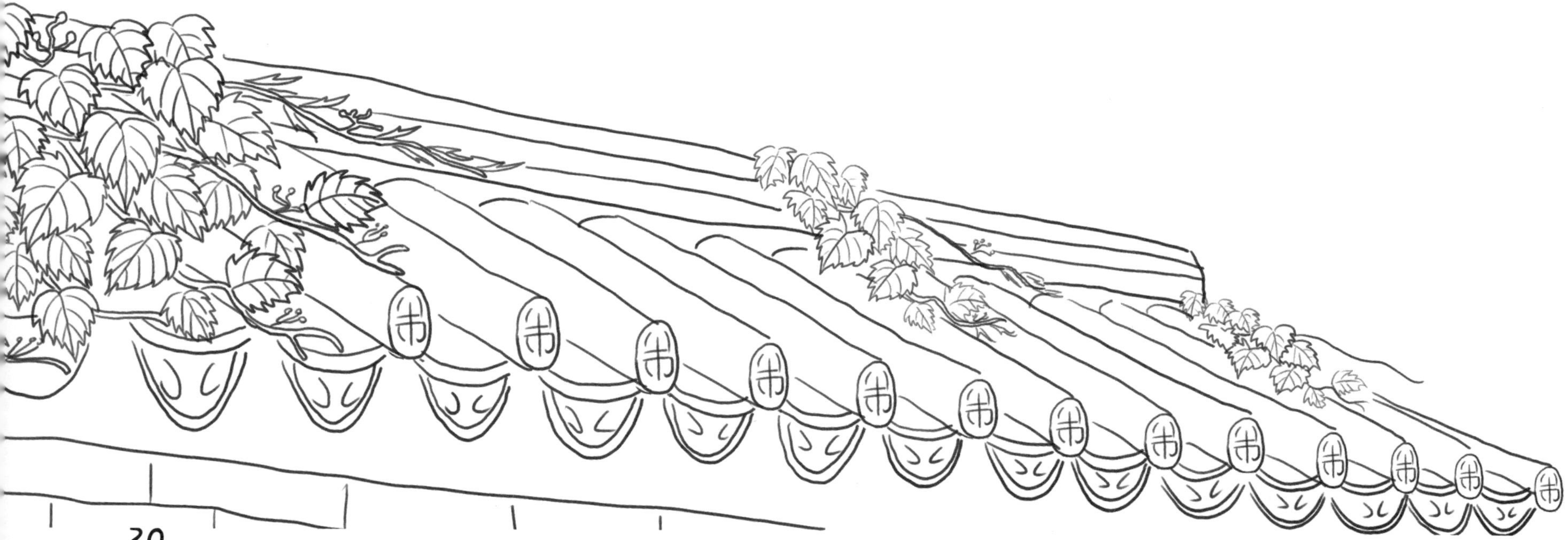

# 处暑

## 处暑必背诗词索引

| | | |
|---|---|---|
| * 《观沧海》汉 曹操 | 秋卷 P8 关键词：天地始肃 | □ |
| * 《悯农》（其二）唐 李绅 | 秋卷 P9 关键词：五谷成熟 | □ |

以上必背诗词主要为“新部编”大纲中小学必背诗词，正当处暑时节，一边背诗一边感受节气之美吧！

处暑一候 鹰乃祭（　）

处暑二候（　）（　）始肃

处暑三候（　）乃登

请在书中查找处暑三候，并把空缺的字填到括号里。

答案： 秋卷 P8

## 节气日记

在处暑时节，用图片、照片或文字记录你看见和感受到的自然变化吧！

一起制作漂亮的河灯吧！

# 白露

“所谓伊人，在水一方”，画出你眼中的秋水和芦苇吧，你还能再画上一艘小船，让画面更有意境吗？

# 白露

## 白露必背诗词索引

| | | | |
|---|---|---|---|
| * 《芙蓉楼送辛渐》唐 王昌龄 | 秋卷 P15 | 关键词：寒雨绵绵 | □ |
| * 《夜雨寄北》唐 李商隐 | 秋卷 P15 | 关键词：寒雨绵绵 | □ |
| * 《天净沙 秋思》元 马致远 | 秋卷 P16 | 关键词：留鸟备冬 | □ |

以上必背诗词主要为“新部编”大纲中小学必背诗词，正当白露时节，一边背诗一边感受节气之美吧！

白露一候 鸿雁（　　）

白露二候 玄鸟（　　）

白露三候 群鸟（　　）羞

请在书中查找白露三候，并把空缺的字填到括号里。

答案： 秋卷 P14

## 节气日记

在白露时节，用图片、照片或文字记录你看见和感受到的自然变化吧！

你们知道“蒹葭”是什么植物吗？

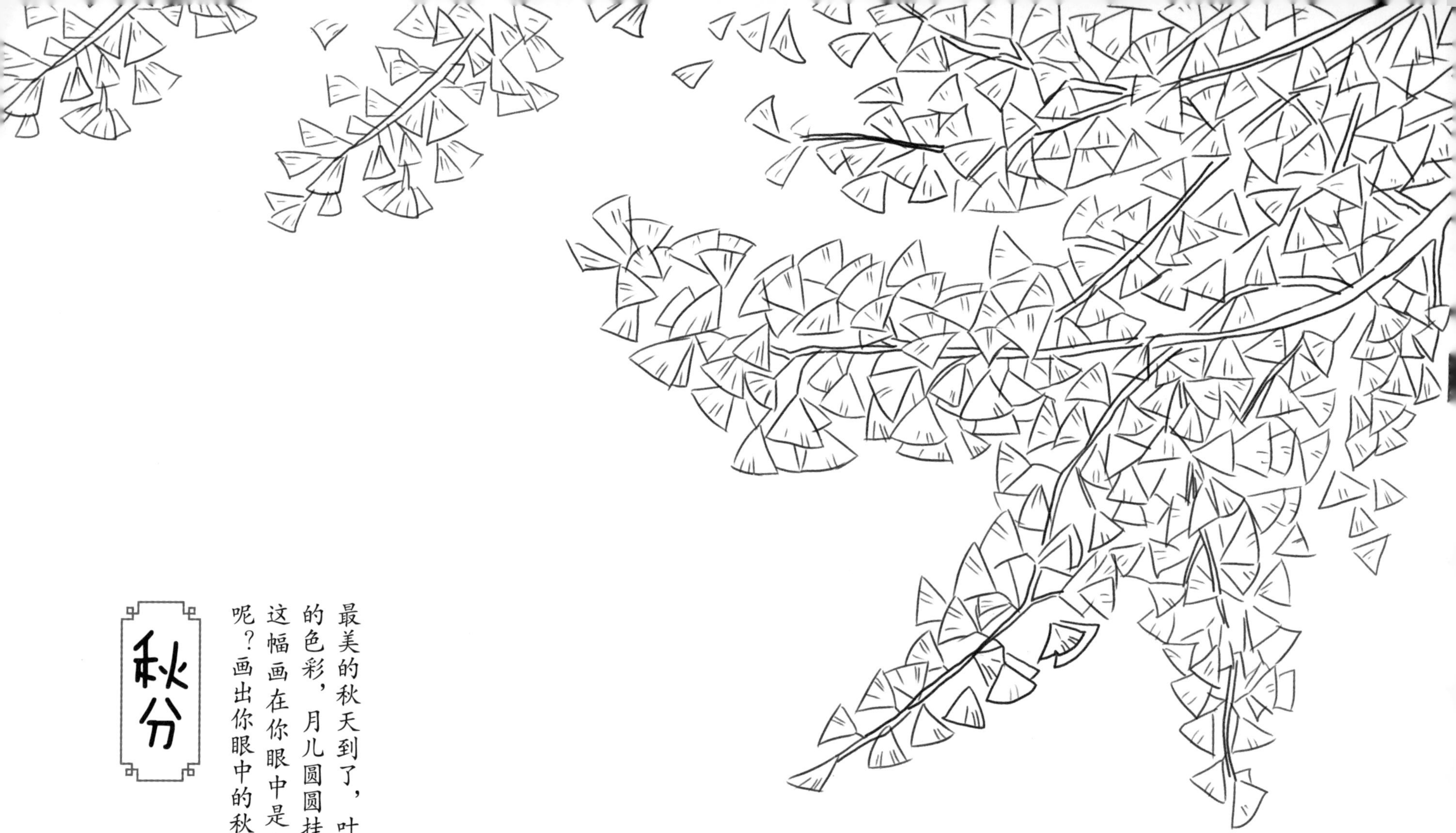

# 秋分

最美的秋天到了，叶子染上了漂亮的色彩，月儿圆圆挂在空中，那么这幅画在你眼中是白天还是夜晚呢？画出你眼中的秋分美景吧。

# 秋分

## 秋分必背诗词索引

* 《水调歌头》宋 苏轼　秋卷 P20 关键词：中秋佳节 □
* 《望洞庭》唐 刘禹锡　秋卷 P21 关键词：朗月夜空 □
* 《古朗月行》唐 李白　秋卷 P21 关键词：朗月夜空 □

以上必背诗词主要为“新部编”大纲中小学必背诗词，正当秋分时节，一边背诗一边感受节气之美吧！

秋分一候 雷始收（　）

秋分二候 蛰虫（　）户

秋分三候（　）始涸

请在书中查找秋分三候，并把空缺的字填到括号里。

答案：秋卷 P20

## 节气日记

在秋分时节，用图片、照片或文字记录你看见和感受到的自然变化吧！

“十五的月亮十六圆”，仔细观察，看看哪天的月亮最圆吧！

# 寒露

给美丽的菊花涂上漂亮的颜色，再画出和家人共度重阳佳节的情景吧！

# 寒露

## 寒露必背诗词索引

| | | | |
|---|---|---|---|
| * | 《使至塞上》唐 王维 | 秋卷 P26 关键词：鸿雁来宾 | □ |
| * | 《饮酒》晋 陶渊明 | 秋卷 P27 关键词：赏菊 | □ |
| * | 《九月九日忆山东兄弟》唐 王维 | 秋卷 P27 关键词：重阳登高 | □ |

以上必背诗词主要为“新部编”大纲中小学必背诗词，正当寒露时节，一边背诗一边感受节气之美吧！

寒露一候 鸿雁（ ）宾

寒露二候 雀（ ）大水为蛤

寒露三候（ ）有（ ）华

请在书中查找寒露三候，并把空缺的字填到括号里。

答案：秋卷 P26

## 节气日记

在寒露时节，用图片、照片或文字记录你看见和感受到的自然变化吧！

到了重阳节，记得要爬山哦！

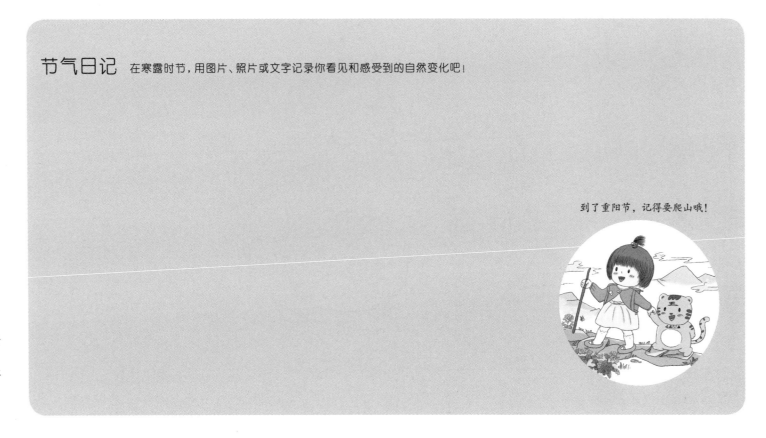

# 霜降

柿子已经红了，你在这个季节还常吃到什么时令瓜果呢，一起画出来吧！

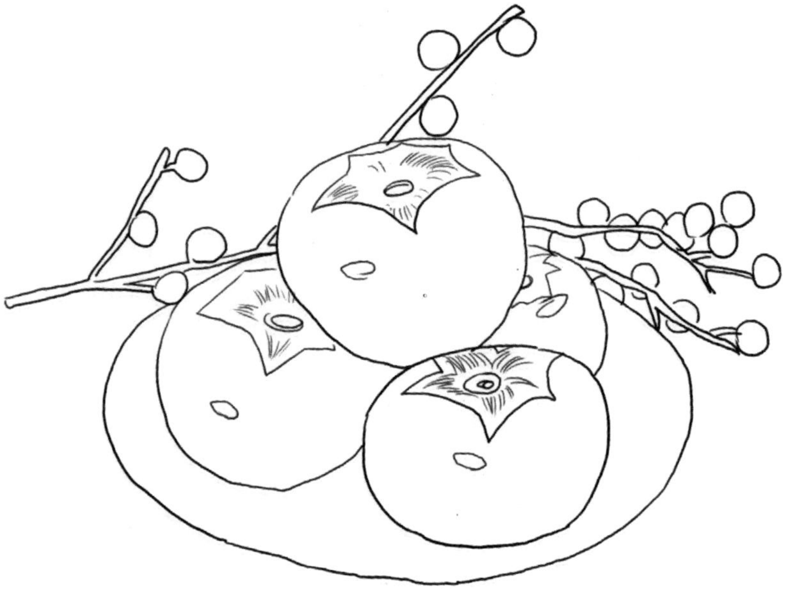

# 霜降

**霜降必背诗词索引**

| | | |
|---|---|---|
| *《枫桥夜泊》唐 张继 | 秋卷 P32 关键词：秋霜 | □ |
| *《山行》唐 杜牧 | 秋卷 P33 关键词：红叶 | □ |
| *《风》唐 李峤 | 秋卷 P33 关键词：秋风扫落叶 | □ |

以上必背诗词主要为“新部编”大纲中小学必背诗词，正当霜降时节，一边背诗一边感受节气之美吧！

霜降一候 豺祭（ ）

霜降二候 草（ ）黄

霜降三候 蛰虫（ ）俯

请在书中查找霜降三候，并把空缺的字填到括号里。

答案： 秋卷 P32

## 节气日记

在霜降时节，用图片、照片或文字记录你看见和感受到的自然变化吧！

数一数《题秋江独钓图》这首诗里，中一共有几个“一”？（秋卷 P36）

# 冬天的滑雪场

小企鹅要去妮妮家过年了，帮助它穿过六个节气门，顺利到达温暖的家吧！

1. 你能在迷宫里找到几个雪人呢？
2. 看看妮妮和萌萌虎在哪个节气等着小企鹅过年呢？

# 立冬

《你知道吗？》

立冬即是二十四节气之一，也是我国汉族的传统节日之一，在汉代就有立冬节要“拜冬”的习俗。在宋代，每逢立冬，人们就要更换新衣，互相拜贺，热闹得就像过年一样呢！

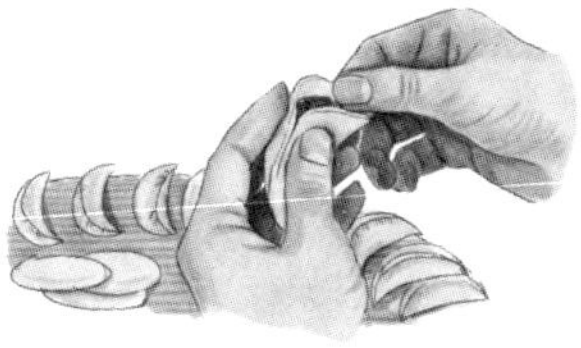

立冬一候 水始（　）

立冬二候（　）始冻

立冬三候 雉入（　）（　）为蜃

请在书中查找立冬三候，并把空缺的字填到括号里。

答案：冬卷 P2

**节气日记** 在立冬时节，用图片、照片或文字记录你看见和感受到的自然变化吧！

和妮妮萌萌虎一起包饺子吧！
（冬卷 P4）

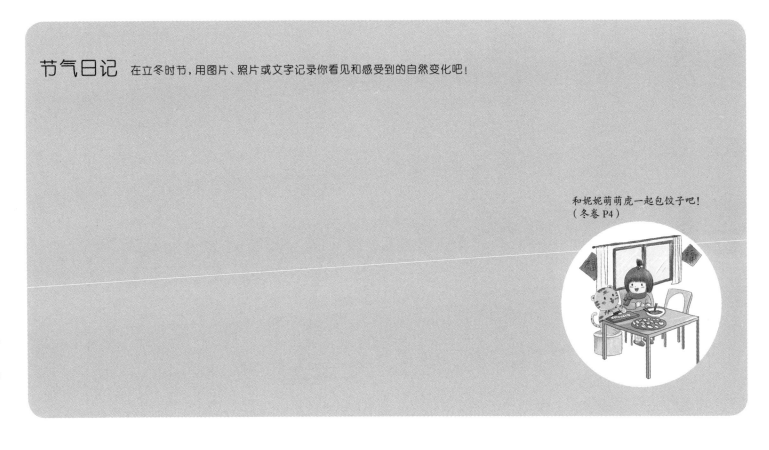

# 立冬

立冬到了，你还能看到树叶吗，画出你家门口看到的大树的样子吧，画出飞鸟让画面更有意境。

# 小雪

## 《你知道吗？》

中国岁时节令有“三元”，分别是上元节、中元节、下元节。
上元节：农历正月十五，也就是元宵佳节，庆祝合家团圆。.
中元节：农历七月十五，是祭祀逝去先人的节日。
下元节：农历十月十五，是解厄日，祭祀祖先和祈福的节日。

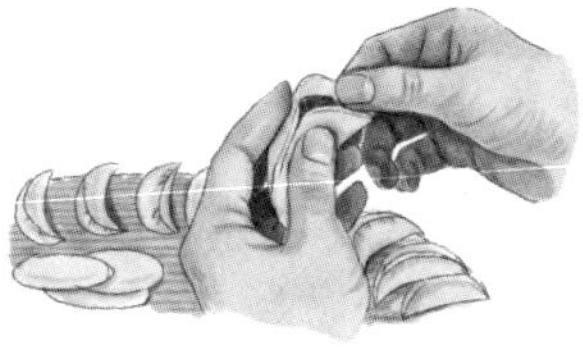

小雪一候（　　）藏不见

小雪二候 天气（　　）升 地气（　　）降

小雪三候 闭塞而成（　　）

请在书中查找小雪三候，并把空缺的字填到括号里。

答案： 冬卷 P6

## 节气日记 在小雪时节，用图片、照片或文字记录你看见和感受到的自然变化吧！

做点腊肉备冬吧！

# 小雪

外面已经下小雪了吗？中国古代建筑的屋顶是什么样子的？涂上好看的颜色吧！

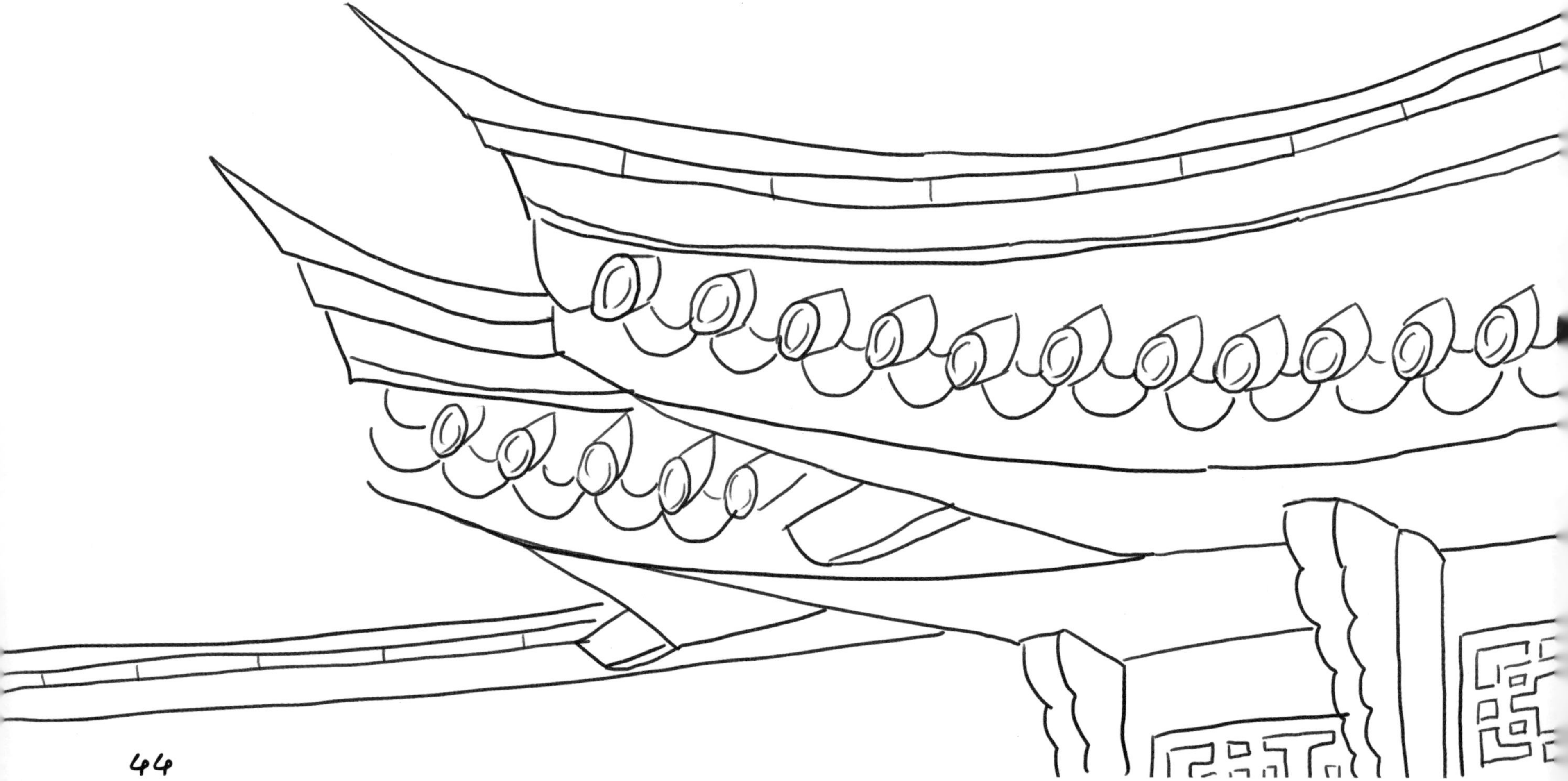

# 大雪

## 大雪必背诗词索引

| | | | |
|---|---|---|---|
| *《逢雪宿芙蓉山主人》唐 刘长卿 | 冬卷 P10 | 关键词：大雪纷飞 | ☐ |
| *《别董大》唐 高适 | 冬卷 P10 | 关键词：大雪纷飞 | ☐ |
| *《塞下曲》唐 卢纶 | 冬卷 P11 | 关键词：铁马冰河 | ☐ |
| *《十一月四日风雨大作》 | 冬卷 P11 | 关键词：铁马冰河 | ☐ |

以上必背诗词主要为“新部编”大纲中小学必背诗词，正当大雪时节，一边背诗一边感受节气之美吧！

大雪一候 鹖鴠（ ）鸣

大雪二候（ ）始交

大雪三候 群荔挺（ ）

请在书中查找大雪三候，并把空缺的字填到括号里。

答案：冬卷 P10

## 节气日记

在大雪时节，用图片、照片或文字记录你看见和感受到的自然变化吧！

你家那里下雪了吗？

# 大雪

大雪中的木屋和松树应该是什么颜色的？完成你的作品吧！

# 冬至

《你知道吗？》

从冬至开始，我们就要“数九”了，以后每九天为一个单位，过了九个“九”，刚好八十一天的时候，就春暖花开了。冬日数九是古时人们度过寒冬的有趣习俗。你会背有趣的九九歌吗？
答案：冬卷 P19

冬至一候 蚯蚓（　　）

冬至二候 麋（　　）解

冬至三候 水（　　）动

请在书中查找冬至三候，并把空缺的字填到括号里。
答案：冬卷 P16

**节气日记** 在冬至时节，用图片、照片或文字记录你看见和感受到的自然变化吧！

一九二九不出手，
三九四九冰上走。

# 冬至

冬天到了，野外还能看到哪些小动物呢？把它们画出来并涂上颜色，让冬至画面变得更有趣吧！

# 小寒

小寒必背诗词索引

* 《江雪》唐 柳宗元　冬卷 P22 关键词：三九寒冬 □
* 《墨梅》元 王冕　冬卷 P23 关键词：赏梅 □
* 《梅花》宋 王安石　冬卷 P23 关键词：赏梅 □

以上必背诗词主要为“新部编”大纲中小学必背诗词，正当小寒时节，一边背诗一边感受节气之美吧！

小寒一候 鹊鸣（　）鸣

小寒二候（　）始交

小寒三候 群荔挺（　）

请在书中查找小寒三候，并把空缺的字填到括号里。

答案：冬卷 P22

节气日记 在小寒时节，用图片、照片或文字记录你看见和感受到的自然变化吧！

腊八节到了，一起做好吃的腊八粥吧！

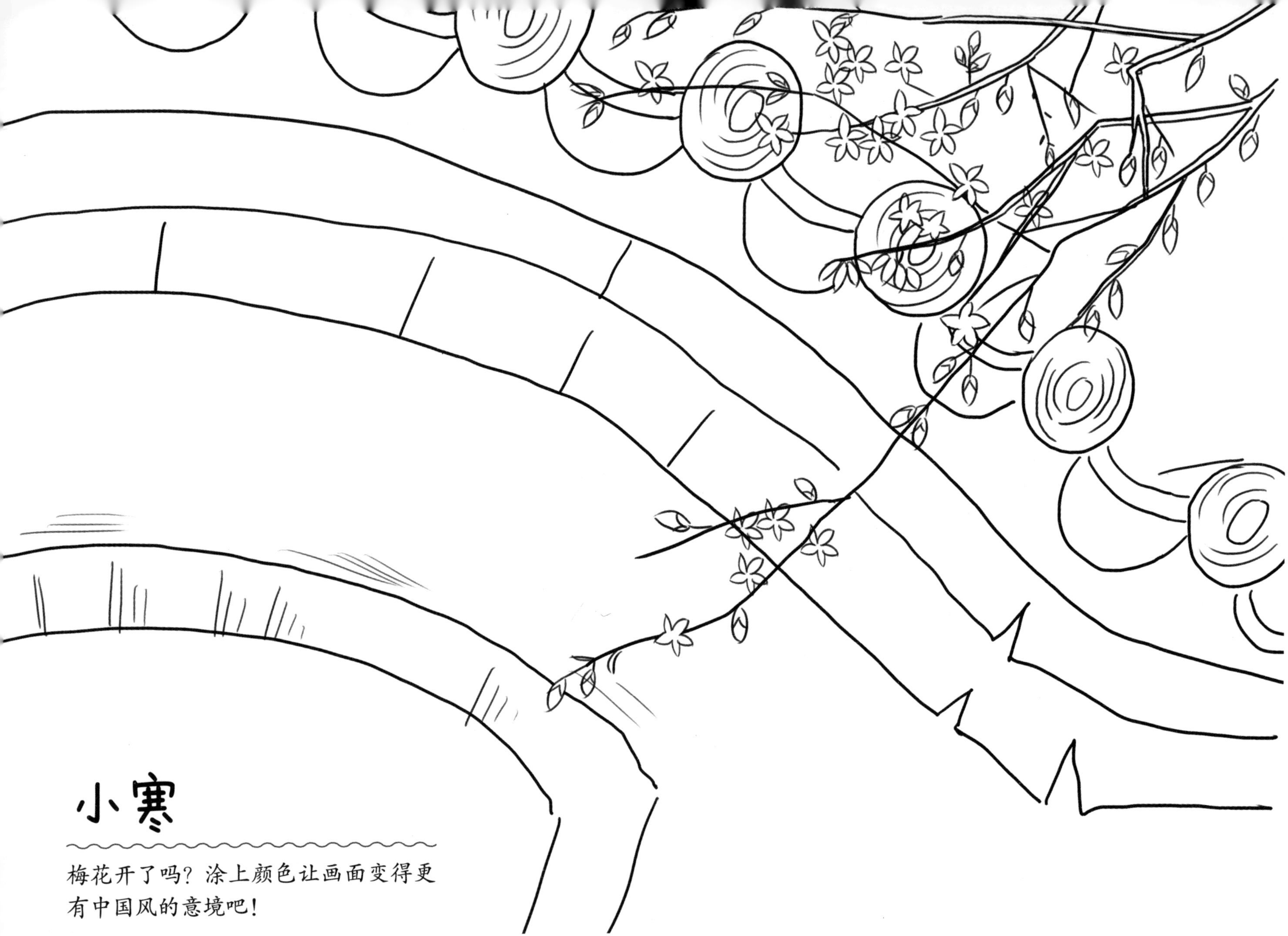

# 小寒

梅花开了吗？涂上颜色让画面变得更有中国风的意境吧！

# 大寒

## 大寒必背诗词索引

* 《游西山村》宋 陆游　　冬卷 P28 关键词：庆丰年 □

以上必背诗词主要为“新部编”大纲中小学必背诗词，正当大寒时节，一边背诗一边感受节气之美吧！

大寒一候 鹖鴠（ ）鸣

大寒二候（ ）始交

大寒三候 群荔挺（ ）

请在书中查找大寒三候，并把空缺的字填到括号里。

答案： 冬卷 P22

## 节气日记

在大寒时节，用图片、照片或文字记录你看见和感受到的自然变化吧！

小孩小孩你别馋，过了腊八就是年！
让我们唱着过年歌迎接新年吧！
（过年歌 冬卷 P30）

# 大寒

马上要过年了！想想你家每年的年夜饭，
画出更多的菜，让年夜饭更丰盛吧！